新疆下坂地水利枢纽工程建设管理学术论文集

新疆下坂地水利枢纽工程建设管理局　主编

中国水利水电出版社
www.waterpub.com.cn
·北京·

内 容 提 要

本书为新疆下坂地水利枢纽工程建设管理学术论文集，共收集论文 32 篇，旨在总结工程建设、运行过程中的技术、管理等方面的做法、取得的经验和成果。

本书可供水利工程领域的专家学者、科技人员、塔里木河流域系统的职工，以及从事水资源管理、生态环境保护、水电运行管理等方面的技术人员参考和借鉴。

图书在版编目（CIP）数据

新疆下坂地水利枢纽工程建设管理学术论文集 / 新疆下坂地水利枢纽工程建设管理局主编. -- 北京 : 中国水利水电出版社, 2024. 6. -- ISBN 978-7-5226-2526-3

Ⅰ. TV632.454-53

中国国家版本馆CIP数据核字第2024JG9967号

书　　名	**新疆下坂地水利枢纽工程建设管理学术论文集** XINJIANG XIABANDI SHUILI SHUNIU GONGCHENG JIANSHE GUANLI XUESHU LUNWENJI
作　　者	新疆下坂地水利枢纽工程建设管理局　主编
出版发行	中国水利水电出版社 （北京市海淀区玉渊潭南路 1 号 D 座　100038） 网址：www. waterpub. com. cn E-mail：sales@mwr. gov. cn 电话：（010）68545888（营销中心）
经　　售	北京科水图书销售有限公司 电话：（010）68545874、63202643 全国各地新华书店和相关出版物销售网点
排　　版	中国水利水电出版社微机排版中心
印　　刷	北京中献拓方科技发展有限公司
规　　格	170mm×240mm　16 开本　11.5 印张　225 千字
版　　次	2024 年 6 月第 1 版　2024 年 6 月第 1 次印刷
定　　价	**58.00** 元

凡购买我社图书，如有缺页、倒页、脱页的，本社营销中心负责调换

《新疆下坂地水利枢纽工程建设管理学术论文集》编委会

序

昆仑之巅，葱岭之间，下坂地水利枢纽工程巍峨矗立。今聚群贤之智，汇诸将之心，编撰汇集《新疆下坂地水利枢纽工程建设管理学术论文集》，旨在分享他们的实践经验、创新思考。

山上没树，便以启山林；地上没路，便逢山开道、遇水架桥；交通靠走，通信靠吼，技术尚未成熟，每个步骤都需要精细操作，施工建设难度加倍，更有100年一遇的洪水如脱缰的野马，横冲直撞，肆虐着村庄。下坂地水利枢纽工程的建议，改善了塔什库尔干河，变水害为利，“艰苦不怕吃苦、缺氧不缺精神”的下坂地精神让“三高一深”不再是难以跨越的鸿沟。

2012年10月，下坂地水利枢纽主体工程全部完成，使得喀克两地州农牧业因水而兴，经济因电而旺，下坂地水利枢纽工程留住了绿水、长出了青山，让水电并济，灌溉农田，发电照明，惠及农牧，生态环境得到保护和改善。

这部论文集凝聚了工程建设者数十年的心血，展示了工程对生态补水、春旱供水、生产发电及喀克两地州民生所做的贡献，也是对工程建设、运行管理的深刻总结与前瞻思考，更是对新技术应用以及建设者精神的传承，面对未来有更多挑战，下坂地水利枢纽工程建设管理局将继续秉承“人民水利为人民”的宗旨，不断加强水利工作的科学化、规范化、现代化、智慧化建设，为地区可持续发展提供更坚实的供水保障和水利支撑。

最后，祝愿《新疆下坂地水利枢纽工程建设管理学术论文集》的出版，能够为广大读者带来启示和收获，也期待更多水利同仁们共同努力，让国之重器再谱新篇。

2024年5月

前　言

新疆下坂地水利枢纽工程是2001年国务院批准的《塔里木河流域近期综合治理规划报告》中确定的唯一山区控制性水利枢纽工程，属国家、自治区重点建设项目，地处我国西部边陲帕米尔高原，喀什地区塔什库尔干塔吉克自治县境内，位于塔里木河主要源流之一的叶尔羌河支流塔什库尔干河中下游，距喀什市315.0km。下坂地水利枢纽工程是以生态补水及春旱供水为主，结合发电的综合性水利工程。下坂地水利枢纽工程为大（2）型Ⅱ等工程，包括拦河坝、导流泄洪洞兼放空洞、引水发电洞和地下厂房等建筑物；辅助工程包括进场公路、移民公路、移民安置等。水库正常蓄水位2960.00m，总库容8.67亿m^3，其中调节库容6.93亿m^3，水库电站总装机150MW，保证出力35.9MW，年发电量4.644亿kW·h。

主体工程于2006年4月开工，2007年9月完成截流，2010年1月水库下闸蓄水，2012年10月主体工程全部完工，2018年12月完成竣工验收技术鉴定，2020年12月通过竣工验收，2023年11月水库通过自治区级标准化管理评价。

下坂地水库的建设，替代了叶尔羌河流域废弃的16座平原水库。水库初次下闸蓄水以来，累计向下游供水170亿m^3；经水库调节，年均向塔里木河流域叶尔羌河喀群渠首断面补充生态水3.3亿m^3；春灌累计补水量39亿m^3，年均春灌补水量2.64亿m^3，超设计多年平均供水量2.33亿m^3的25.3%；冬灌累计补水量17.6亿m^3，年均冬灌补水量1.18亿m^3，使叶河灌区600余万亩农田灌溉保证率从12%提高到76%，基本解决了叶河灌区春季“卡脖子旱”问题，有效改善了灌区灌溉条件，促进了灌区农牧业发展和丰产增收。下坂地电厂累计发电72亿kW·h，年均发电5亿kW·h。为喀克两地州“一带一路”建设、地方经济发展、民生改善、社会稳定及长治久安提供了坚实的电力保障。

工程所在地高寒缺氧，自然环境恶劣，地质条件复杂，具有

“三高一深”特点，即高海拔（平均3000.00m以上）、高地震烈度（基本8度、设防8.5度）、高边坡（两岸陡坡一般600～800m）和深厚覆盖层（坝基150m）。多年来历代下坂地人接续奋斗，战高寒、斗风沙、抗缺氧，造就形成了“艰苦不怕吃苦、缺氧不缺精神”的下坂地精神。

本书为新疆下坂地水利枢纽工程建设管理学术论文集，共收集论文32篇，旨在总结工程建设、运行过程中的技术、管理等方面的做法，取得的经验和成果。

本书可供水利工程领域的专家学者、科技人员、塔里木河流域系统的全体干部职工，以及从事水资源管理、生态环境保护、水电运行管理等方面的技术人员参考和借鉴。

本书出版过程中，得到了塔里木河流域管理局、下坂地水利枢纽工程建设管理局等各级领导的关心和指导，中国水利水电出版社对本书的出版给予了大力支持，在此一并表示衷心的感谢。

编者

2024年5月于库尔勒

目　　录

下坂地水库标准化管理创建实践与思考

张　明

（新疆下坂地水利枢纽工程建设管理局，新疆　喀什　844000）

摘　要： 本文介绍了下坂地水库标准化管理创建中硬件补短板、软件定标准的实施路径及常态化推进的措施，水库标准化管理达到了工程安全运行、效益稳定发挥、环境整洁美观的要求，对其他水利工程标准化管理具有一定的借鉴意义。

关键词： 下坂地水库；标准化管理；创建实践

下坂地水库工程位于喀什地区塔什库尔干塔吉克自治县班迪尔乡境内，坐落于新疆塔里木河主要源流之一叶尔羌河的支流塔什库尔干河中下游，坝址以上河长 217km，控制流域面积 9570km^2，占塔什库尔干河全流域的 95.9%，是一座具有生态补水、春旱供水、发电等功能的大（2）型水库。

为加强工程管理，切实保障工程安全，充分发挥工程效益，下坂地水利枢纽工程建设管理局根据水利部《水利工程标准化管理评价办法》和《新疆维吾尔自治区水利工程（水库、水闸、堤防）标准化管理评价细则》，开展标准化创建工作。工程管理水平得到显著提高。

1　改造提升硬件设施

对照标准化评审标准，对水工建筑物、机电设备、管理设施、标识标牌等硬件设施进行全面排查，对排查中发现的问题进行整理分类形成清单，研究制定提升方案。

1.1　水工建筑物

下坂地水库工程区域两岸高陡边坡高一般为 600～800m，且岩石地质情况极其复杂，有“地质博物馆”之称。为处理工程周边边坡存在落石的情况，对山体采取了灌浆、表面喷涂加固材料等措施，对山体地质结构进行处理。经过处理后，大坝周边山体落石现象得到改善。

1.2　机电设备

（1）电缆整理及配电柜整理。拆除原线槽、电缆，重新安装桥架、支座，铺设线缆挂牌标识，进行防火隔离和孔洞封堵，开展电气预防性试验等相关工作，为后期检修工作提供便利。整理后的效果如图1和图2所示。

图1　整理后的效果1

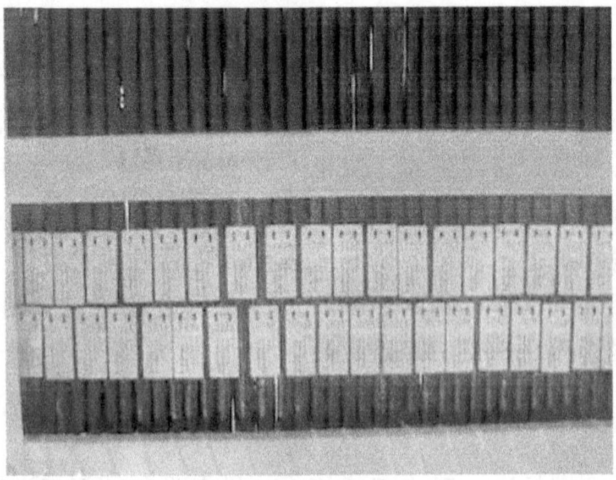

图2　整理后的效果2

（2）启闭机维护和保养。使用机电设备清洗剂，清除钢丝绳表面老化润滑脂，并重新涂抹防水油脂。重新调整钢丝绳松紧适度和行程限位，当吊点在下极限时，钢丝绳留在卷筒上的缠绕圈数不应少于4圈，其中2圈为固定圈，另外2圈为安全圈；当吊点处于上极限位置时，钢丝绳不应缠绕到卷筒绳槽以外，应有序地逐层缠绕在卷筒上，不应挤叠、跳槽或乱槽。对启闭机闸瓦退距和弹簧行程进行了调整，使制动轮与制动带的接触面积大于总面积的75%，制动器松闸时，制动轮和闸瓦之间的间隙处于0.5～1.0mm之间；启闭机底部增设防尘风琴板，解决了启闭机房因封闭不到位导致的风沙进入启闭机房后机电设备表面及电气柜内部的尘土问题，降低了工作人员打扫启闭机房的工作量；启闭机架油漆出新，提升了整体形象。保养后的效果如图 3 和图 4 所示。

图 3　保养后的效果 1

图 4　保养后的效果 2

1.3　管理设施

对管理用房外墙、屋顶、大门重新进行了粉刷油漆，将原管理用房大厅内使用的白炽灯更换为 LED 平板灯，对故障路灯等设施进行维修，在工程关键部位增加摄像头及音响报警设施。

1.4　标识标牌

下坂地水库位于高原，室外标识标牌常年受大风、紫外线等自然条件影响，加快了标识标牌的老化、变形，部分标识标牌存在破损、掉色等现象。针对室外环境状况，室外标识标牌选择了加厚的板材和抗紫外线的覆膜制作，确保标识标牌能够抵抗恶劣天气带来的影响。在标识标牌更换过程中，使用统一模板对标识标牌进行设计，保证工程范围内标识标牌样式一致、美观大气。

2 搭建标准化管理体系

2.1 管理任务分解

（1）按下坂地水库工作性质并结合工作对象全面梳理管理任务，形成三级清单。一级清单包括调度控制、工程检查、安全监测、运行管护、安全生产、标识标牌、档案管理、水政巡查、技术培训、配套设施管理等。二级清单是对一级清单中项目的再分类，如检查可分为日常检查、定期检查、专项检查等。对二级清单中性质不同或内容较多的项目可再细分至三级清单，如日常检查可分为日常巡视和经常检查。

（2）管理任务清单用表格形式，明确任务内容、时间、目标等要求。

2.2 管理标准

针对管理任务清单中专业性强且必须满足强制性规程规范要求的技术工作，编制技术标准，主要包括以下内容：

（1）建筑物技术标准。规定水库大坝、水闸等水工建筑物中土工、混凝土等部位的外观、结构稳定性、安全监测量等技术标准，如混凝土的裂缝大小、伸缩缝填料流失情况、表面碳化程度、变形观测数据变化量等，编制大坝安全监测的作业指导书作为附件。

（2）电气设备技术标准。规定变压器、配电柜、直流系统、继电保护系统、电缆、电动机等设备外观及基础稳定性，电气预防性试验数据标准，接地、防雷措施，电气仪表准确性等，编制电气设备操作和维养作业指导书作为附件。

（3）金属结构技术标准。规定启闭机安全保护装置可靠性，闸门承载构件变形指标、表面锈蚀程度、行走支撑结构可靠程度、运转部位加油设施完好性、止水装置密封程度等，编制闸门启闭操作和维养作业指导书作为附件。

（4）工程、设备检查作业指导书。规定了检查的类型、检查前准备、检查路线、检查配备工器具、检查频次、检查内容等。

（5）工程调度规程。规定了调度条件、依据、任务、原则、方式，调度计划编制的要求，调度日常工作要求，应急调度机制等。

（6）工程防汛预案。分析了可能导致水库工程出现重大险情的主要因素及险情发生后产生的影响，规定了险情监测与巡视的部位、内容、方式、频次等，规定了出现险情时的处理方式，规定了险情上报的内容、程序和信息发布的原则，规定了应急抢险调度原则、方式、措施、人员转移方案及临时安置措施，规定了应急组织保障、队伍保障、物资保障、通信保障的要求，规定了应急预案启动与结束条件，决策机构与程序，明确了下坂地水库三个责任人的职责，规定了防汛预案宣传、培训与演练的要求。

（7）危险源识别和分析评估手册。规定了安全风险评估程序、风险点分析、危险源辨识、分析评价、分析管控、分析评估结论等。

（8）建筑物设备管理条件标准。根据建筑物和每个设备间的布置情况，按照国家规程规范的要求，规定硬件配置、标识标牌、安全防护、专用工具等配置，并绘制现场布置平面图。

2.3 管理制度

按照综合管理、工程管理、安全管理三大类，梳理相关制度目录，在广泛查阅行业内规程规范的基础上，结合下坂地水库实际情况，修订管理制度内容。修订时遵循简洁、易懂、易学的原则，制度重点讲清楚该事项由谁组织做、什么时候做、做成什么样以及如何奖惩等，每项制度同时配备流程图进行描述。

（1）综合管理类制度包括请示报告制度、工程管理大事记制度、教育培训制度、物资管理制度、外来参观管理制度、环境卫生管理制度、档案管理制度等。

（2）工程管理类制度包括调度管理制度、值班管理制度、工程检查制度、设备缺陷管理制度、维修现场管理制度、工程观测制度、汛期工作制度、冬季防护工作制度、工程评定级制度、水文测报制度。

（3）安全管理类制度包括安全生产目标管理制度、安全生产费用管理制度、安全生产例会管理制度、危险源管理制度、安全隐患排查治理制度、事故报告和调查处理制度、特种设备管理制度、消防安全管理制度、临时用电管理制度、作业安全管理制度、相关方安全生产管理制度、安全用具管理制度、职业健康管理制度等。

3 实施要点

3.1 加强培训，严格考核

（1）标准化管理要求高、难度大，做好工作的关键在于人。创建过程中统一思想，强化职工培训，开展法律法规、技术标准、规章制度的宣贯，组织了理论知识、操作技能学习和考核，有效地提高了职工业务素质。

（2）推行标准化管理，加强组织领导、严格考核。创建过程中，成立了领导小组，明确目标，制订计划，加大人、财、物投入；同时将标准化管理与部门年度目标管理考核挂钩，与个人评奖评优、收入分配、岗位聘用、职务晋升等挂钩，形成了争创水利工程标准化管理的良好氛围。

3.2 注重细节，提质增效

天下难事必做于易，天下大事必做于细，标准化创建现场硬件改造更是细节决定成败。

（1）建筑物。防渗处理、内外墙涂料更新、地面地砖美化，要注意整体协调性和细节，如外墙涂料颜色选择、伸缩缝压板形式、地面排水沟盖板选择。

（2）机电设备。电缆管线布设整理、配电柜封堵、供水设备跑冒滴漏的处理、设备表面油漆出新等方面每一处都能体现出精细化程度，特别是电缆整理难度较大，要选择专业队伍实施。

（3）标识、标牌的配置。主要以安全警示和名称告知类为主，不宜太多，标准化不是标牌化。

3.3 自己动手，持续推进

工程管理标准化主要包含两层含义：一是制定标准，二是贯彻、推行标准。

（1）编制、修订管理标准时，要求技术人员自己动手、深度参与，编制的过程同时也变成了学习与培训的过程，收到了良好的效果。

（2）编制标准时，注重简洁、精练，反复修改，删除各类“穿衣戴帽”的修饰性描述，提炼干货。技术标准除文字描述外更配备针对性强的图表，管理制度做到了每项制度不超过 10 条，每条不超过 60 个字，提高了标准的实用性与可操作性，受到职工的认可。

（3）管理标准是一个持续的过程，每年要及时修订、补充新的内容。

3.4 信息化提升

（1）加大投入，更换现场不满足要求的传感器、工控机等设备，为信息化建设提供硬件支持。

（2）结合工程管理实际情况，明确信息化系统所需要实现的功能，保证信息化平台建设完成后的实用性。将移动巡查、视频监控、网上办公等信息化手段有机融入日常工作中，使管理行为“留下痕迹”，发挥平台追溯功能，不断提升管理效能。

4 结论

水利工程标准化管理创建是提高水利工程管理能力、保障工程安全运行、发挥工程效益的重要措施。通过梳理下坂地水库标准化管理创建过程中的硬件改造重点、管理标准的体系及推行要点，并进行探讨和思考，为进一步完善水利工程标准化管理提供了一定的借鉴。

关于构建新疆开都—孔雀河流域水权县、市间转让的思考

王 峰

（新疆塔里木河流域管理局，新疆 库尔勒 841000）

摘 要：水权转让是干旱区解决水资源供需矛盾，提高水资源利用效率和优化配置水资源的新型管理手段。本文主要思考了水权转让的范围、基本原则；并结合实际工作，提出了和静县和库尔勒市水权转让的构想，在构想方案中针对两个县（市）的水资源情况，思考了水权转让的可行性、水量、期限与费用及实施程序等，希望通过构建新疆开都—孔雀河流域水权县市间转让，能够加快推进流域内水权交易市场的建设。

关键词：水权；水权转让；开都—孔雀河流域

近年来，一些地区陆续开展水权转让（指水资源使用权的转让）的实践，在促进水资源的优化配置、高效利用、节约保护方面，取得了一定的成效。开都—孔雀河流域存在用水区域的不平衡：在流域内一方面库尔勒市区域的农业用水紧张，通过超采地下水解决用水问题；另一方面和静县地表水资源丰富，节余水量较多。在这种情况下，在用水总量控制不变的前提下，打破县、市行政区划限制，积极探索流域内跨县、市的水权转让是非常必要的。

1 开都—孔雀河流域水权县、市间转让的范围

因在开都—孔雀河流域首次进行水权转让，加之流域内县、市之间转让的复杂性，对现阶段开都—孔雀河流域县、市之间水权转让确定范围：①水权转让指水资源使用权的转让；②水权转让在同一地区级行政区域下属的不同县、市级行政区域间进行；③水权县、市间转让农业节水向农业用水的转换[1]。

2 开都—孔雀河流域水权县、市间转让的基本原则

结合开都—孔雀河流域水资源管理与调度的实际，提出开都—孔雀河流域水权县、市间转让的实施应遵循以下原则[2]。

（1）总量控制原则。严格按照巴音郭楞蒙古自治州（以下简称“巴

州”）（包括兵团二师）水资源管理“三条红线”控制指标实行用水总量及取水总量控制、严格实行流域水量调度控制、严格实行取水许可控制，这是水权转让的前提条件。

（2）政府统筹原则。在保证巴州（包括兵团二师）水资源管理“三条红线”用水总量控制的前提下，根据需水实际情况，对批准的用水总量控制指标分解方案进行调整，并经巴州人民政府审核批准，确保水权转让的顺利运行。

3　开都—孔雀河流域水权县、市间转让的构想

开都—孔雀河流域辖和静县、和硕县、焉耆县、博湖县、库尔勒市与尉犁县共6个县（市）。流域间的城镇在巴州人民政府下达用水总量指标后，如何进行水权转让是一个值得探讨的问题。和静县位于开都—孔雀河流域上游受水源保护区管理条例的约束，许多产业发展受到限制，用水量有限，有富余的水权可供转让；而位于开都—孔雀河流域下游的库尔勒市实际用水量已超出本地水资源合理承载力，由于城市生活用水和部分工业用水由焉耆盆地引水解决，因此目前缺水量主要是农业灌溉，通过超采地下水解决缺水问题，但对地下水的超采使生态用水减少，地下水位下降，带来严重的生态环境问题，用水矛盾极为突出。2020年，流域管理机构将和静县向库尔勒市转让水权作为试点，缓解库尔勒市的用水需求。

3.1　水权转让县、市的水资源情况

3.1.1　开都—孔雀河流域水资源状况

开都—孔雀河流域位于新疆维吾尔自治区巴州境内，包括和静县、和硕县、焉耆县、博湖县、库尔勒市与尉犁县一部分，流域总面积12.22万km^2。流域上游为开都河，发源于天山中部依连哈比尔尕山，河流流经大、小尤鲁都斯盆地，最后进入焉耆盆地，汇入博斯腾湖，博斯腾湖湖水经孔雀河由湖西岸流出，穿过库鲁克塔格山，进入塔里木盆地。开都—孔雀河流域水资源总量为44.07亿m^3（地表水42.01亿m^3，地表水2.06亿m^3）。其中，开都河全长560km，多年平均年径流量35.18亿m^3。博斯腾湖位于焉耆盆地东南部，是我国最大的内陆淡水湖，水域面积约1000km^2。孔雀河源于博斯腾湖，流经库尔勒市、尉犁县，其尾闾为罗布泊，河流全长942km。孔雀河是开都河汇入博斯腾湖后经博斯腾湖调节的出流，自博斯腾湖扬水站投产运行后，孔雀河出流受人为控制，常年流量稳定，多年平均年径流量13.34亿m^3。黄水沟、清水河、乌拉斯台河、泉水沟、哈哈仁郭楞沟、莫呼查汗沟、乌什塔拉河、曲惠沟等诸小河也是博斯腾湖入湖水源，多年平均年径流量6.7亿m^3。近年来除乌拉斯台河有少量冬闲水，黄水沟和清水河在大洪水期间有入湖水量外，其他河流已没有水量入湖。

3.1.2 开都—孔雀河流域水权转让试点的水资源情况及转让的可行性

（1）和静县水资源情况。和静县位于新疆中部，天山南麓，巴州西北部，开都河上游。和静县水资源较丰富，境内主要有开都河、黄水沟两大水系，大小河流171条，地表水年径流量57.76亿m^3，地下水储量约为42.08亿m^3/a，平原区地下水总补给量4.41亿m^3/a，是全州主要的水源涵养地。目前，全县有开都河、黄水沟、乌拉斯台、泉水沟、莫呼查汗五大灌区。2018年，县灌面积57.22万亩[1]，其中开都河灌区30.45万亩，黄水沟灌区13.61万亩，乌拉斯台灌区7.18万亩，泉水沟灌区2.80万亩，英叶汗灌区3.18万亩。

2018年、2019年，和静县社会经济用水指标总量均为47750万m^3，其中地表水用水指标34724万m^3，地下水12926万m^3，其他水源指标为100万m^3。2018年、2019年和静县开都河水指标及实际用水量情况见表1。从表1可见，2019年，和静县灌区可转让水权水量为3926万m^3。

表1　2018年、2019年和静县开都河水指标及实际用水量情况

年份	用水指标/万m^3	实际用水量/万m^3	节余/万m^3	实际用水量占指标比例/%	节余占指标比例/%
2018	12396	6770	5626	54.61	45.39
2019	12396	8470	3926	68.33	31.67

（2）库尔勒市水资源情况。库尔勒市位于霍拉山的南麓，塔里木盆地的东北隅，南接尉犁县，北连焉耆、和静县，西接轮台县，东靠博湖县，是巴州重要的交通、经济、文化和政治中心。库尔勒市总面积7116.89km^2，其中平原面积为5850.08km^2（含沙漠区面积），占82.2%。多年平均年降水量56.6mm，多年平均年水面蒸发量2700mm，属于大陆性气候，是典型的干旱区绿洲城市。

《库尔勒市城乡总体规划（2012—2030年）》水资源条件及利用中提出，“库尔勒市社会经济发展已超出了水资源的合理承受能力，与水量相比，可利用水资源的缺水量约1亿m^3，只有通过超采地下水解决缺水问题，但对地下水的超采使生态用水减少，将使地下水位下降，带来严重的生态环境问题。”2019年，库尔勒市可利用水资源量约5.61亿m^3，实际供水量约6.61亿m^3，缺水量9960万m^3，详见表2。库尔勒市水资源短缺，人均占有水资源量远远低于全国水平2200m^3/人及新疆平均水平4200m^3/人。

[1] 1亩≈0.0667hm^2。

表 2　　2019 年库尔勒市现状水资源情况　　单位：万 m^3

水　源	可利用水资源量	实际供水量	余缺水量
地表水	39366.2	39366.2	−9960.0
地下水	12000.0	21960.0	
境外输水	3466.0	3466.0	
污水回用	1300.0	1300.0	
合　计	56132.2	66092.2	

3.2　水权转让的水量

2018 年、2019 年和静县的实际用水量比用水总量控制指标节余分别为 5686 万 m^3 和 3926 万 m^3。2018 年，和静灌区实施节水工程改造，部分土地未冬灌，因此，节余水量较多，按照近五年实际用水情况看，年均节余水量约 3500 万 m^3。按照库尔勒市近五年实际用水情况看，年均用水量缺口为 9900 万 m^3 左右。和静县预留 500 万 m^3 的机动水，3000 万 m^3 可作为转让库尔勒市的水量。

3.3　水权转让期限与费用

根据双方初步水权转让意向，和静县在取水许可证有效期内，利用开都河灌区节余水量与库尔勒市进行水权转让，主要用于库尔勒市农业灌溉，初步确定总体转让意向 10 年。转让用水量指标为 3000 万 m^3/a，从实际供水日期开始计算，当转让期满，应重新办理水权转让手续，双方按照一年一核一转让的模式，续签转让协议。

水权转让费用为 459.6 万元，其中工程运行及维护费 279.6 万元，节水工程建设费 180 万元。

3.4　水权转让实施程序

（1）和静县和库尔勒市向所属水行政主管部门和流域管理机构提出水权转让书面申请，并提交和静县的取水许可证复印件、双方签订的水权转让意向性协议等有关材料。所属水行政主管部门和流域主管部门受理水权转让申请后，提出初审意见并报巴州人民政府和流域管理机构审批。经审查批复后，水权转让双方应正式签订水权转让协议书，制定水权转让实施方案，报所属水行政主管部门和流域主管部门备案，并办理取水许可相关手续。

（2）水权转让方和静县要办理取水许可变更手续，受让方库尔勒市办理领取取水许可证后，水权转让生效。

4　结语

综上所述，在开都—孔雀河流域和静县和库尔勒市尝试水权转让，可缓解库尔勒市用水需求，减少库尔勒市地下水的开采量，有利于地下水资源的涵养及水生态的保护。同时，可促进区域合作和共同发展，推动农业节水的进一步开展，为利用市场机制实施跨区域调水进行了有益的探索。

参考文献

[1] 王丽晶，管延海，王好．关于水权转让相关问题的探讨［J］．地下水，2011（5）：158-159.

[2] 张文鸽，殷会娟．黄河干流水权地市盟间转让有关问题初探［J］．中国水利，2014（23）：12-14.

下坂地水利枢纽工程变形监测存在的问题及发展方向浅析

王汉中

（新疆下坂地水利枢纽工程建设管理局，新疆　喀什　844000）

摘　要：下坂地水利枢纽工程变形监测点位于山坡上，攀爬难度大，测量作业时间长、劳动强度大、安全风险高，此外测量数据的连续性、实时性方面越来越难以满足大型水利枢纽工程的自动化程度和动态监测要求，因此亟须探索一个安全、可靠的外部变形监测系统，研究一套安全有效、操作便捷、作业效率高，适用于高海拔地区的水利枢纽安全自动监测体系，满足下坂地水利枢纽的迫切应用需求。

关键词：下坂地水利枢纽工程；安全监测；存在问题

1　工程概况

下坂地水利枢纽工程是塔什库尔干河中下游山区控制性水利枢纽工程，位于新疆维吾尔自治区喀什地区塔什库尔干塔吉克自治县班迪尔乡境内，地理位置北纬 37°47′，东经 74°14′。坝址位于新疆塔里木河主要源流之一的叶尔羌河支流塔什库尔干河中下游，距塔什库尔干塔吉克自治县城约 45km，距喀什市约 315km，距乌鲁木齐市约 1815km。

下坂地工程地处帕米尔高原，自然环境恶劣，地质条件复杂，技术要求高，施工难度大，具有高海拔、高地震烈度、高边坡和深厚覆盖层的“三高一深”特点。①高海拔：工程施工区域平均海拔在 3000m 以上，高寒缺氧，较平原地区缺氧 1/3；②高地震烈度：工程区基本地震烈度为 8 度，水库大坝设防烈度为 8.5 度；③高边坡：工程区域两岸高陡边坡一般为 600～800m 高，且岩石风化破碎、地质情况极其复杂，有“地质博物馆”之称；④深厚覆盖层：坝基覆盖层深度达 150m，工程质量要求和施工技术难度之高，为国内之最，世界上也不多见。

下坂地工程属Ⅱ等大（2）型工程。主要建筑物由拦河坝、右岸导流泄洪洞、左岸引水发电洞、地下电站厂房、左岸新建对外交通公路及右岸移民恢复道路等组成。工程大坝为沥青混凝土心墙砂砾石坝，坝高 78m，坝长 406m；水库正常蓄水位 2960m，总库容 8.67 亿 m^3，调节库容 6.93 亿 m^3；导流泄洪洞全长 1435.4m，设计为 7m×10.25m～7m×17.05m 城门洞形；引水发电洞为圆形与马蹄形结合，全长 4637m，洞径 5.2m；水电站为地下式厂房，由 21 条洞室群组成，电站总装机 15 万 kW，多年平均发电量 4.644 亿 kW·h。

下坂地水库的修建，增加了水资源可利用量，调节了径流年内分配不均，同时缓解了区域缺电，有效地改善了区域生态环境条件，解决了春旱供水，提高了粮食单产，为减少粮食种植面积、增加林果种植面积创造了条件，带动地区经济的全面发展，极大地激发边疆地区各族人民的爱国主义和集体主义精神，增加民族的自信心、自豪感和凝聚力，对边疆社会稳定具有十分重要的意义，为实现中国式现代化发挥积极作用。

2 大坝安全监测的主要内容

下坂地水利枢纽工程安全监测系统规模庞大，安装的各种监测仪器设备类型多、数量大，主要分布于大坝、导流泄洪洞、引水发电洞、三岔口和基础廊道内。安全监测项目主要有坝面垂直位移及水平位移、坝体内部垂直位移及水平位移、坝基及绕坝的渗透流量、坝体内部土体的应变、防渗墙挠度、心墙温度、混凝土应力应变、钢筋应力监测等。安全监测仪器以差阻式仪器为主，部分点位为器式仪器和钢弦式仪器。本文所关注的主要是坝面垂直位移及水平位移。

3 下坂地水利枢纽安全监测存在的问题

3.1 大坝表面变形监测仍然依靠人工观测

下坂地水利枢纽工程地理位置在塔什库尔干塔吉克自治县班迪尔乡境内，平均海拔 3000m 以上，冬季漫长、六月飘雪、空气稀薄，自然条件恶劣。

目前水库大坝外部变形监测布设专二级平面基准网，平面基准网由 KZ1、KZ2、KZ3、KZ4、KZ5、KZ6、KZ7 等 7 个点组成，测量平面位置变形；水准基准点由 S1、S2、S3、S4 组成，采用二等水准测量大坝沉降变形。观测点由大坝坝体观测点 49 个、左岸高边坡观测点 11 个、右岸高边坡观测点 3 个、导流洞出水口高边坡观测点 6 个、导流洞进水口高边坡观测点 6 个、侧槽溢洪洞高边坡 6 个组成。目前使用传统的变形监测人工测量方法开展此项工作。监测点位于山坡上，攀爬阶梯年久失修，攀爬难度大，很多人会在外业过程中，出现胸闷气短、头疼腿软等高原反应。测量作业时间长、劳动强度大、安全风险高，此外测量数据的连续性、实时性方面越来越难以满足大型水利枢纽工程的自动化程度和动态监测要求，因此亟须构建一个安全、可靠的外部变形监测系统，实现精确、实时、全天候、全自动获取变形观测点的有关三维坐标信息，通过监测数据自动形成初步的分析报告。工程技术人员结合边坡监测数据做进一步的分析、处理与判断，得出最终变形的分析成果报告，为安全决策提供有力支持。

3.2 发电厂地下厂房缺乏外部变形监测数据

发电厂地下厂房由“两大洞室”（厂房主洞室、主变主洞室）和三条母线洞、三条尾水支洞以及主变运输洞、交通洞、尾水洞、进风洞、排风洞、母线洞组成一个大的地下洞室群。厂房主洞室最大开挖宽度为18.4m，最大开挖高度为38.31m，长度为70m。电站总装机150MW，保证出力35.9MW，年发电量4.644亿kW·h，是南疆电网春耕机井灌溉用电及喀什、克州电力保障重要组成部分。目前厂房距离大坝约10km，发电运行时间超过10年，存在沉降和倾斜的安全隐患风险，而厂房仅在周围有3个控制点和若干位移监测点，缺乏针对厂房外部变形监测自动化设备，无法实时获取厂房变形监测数据。

4 提高大坝安全监测技术水平的必要性

大坝是一种重要的水利工程设施，其安全运行对于保障人民生命财产安全和社会经济发展具有重要意义。通过对大坝变形进行监测可以保障大坝安全运行、指导大坝维护保养、提高水资源利用效率，具有重要意义。常规监测方法、自动化监测方法是大坝变形监测的常用方法，各种方法具有不同的优缺点。随着国家安全需要、科技的发展和技术水平的提高，大坝变形监测将更加智能化、高效化和精准化，为大坝的安全运行和可持续发展提供更好的保障。

4.1 国家水利工作新变化和现代化水库新要求

2020年，党的十九届五中全会明确提出，“十四五”时期经济社会发展要以推动高质量发展为主题。2021年6月，在水利部“三对标、一规划”专项行动总结大会上，李国英部长指出，新阶段水利工作的主题为推动高质量发展，明确了新阶段水利高质量发展的目标任务和实施路径，要求健全水利工程安全保护制度，确保水利工程安全。新时代提出新要求，加快推进水利工程标准化管理，有效改变水利工程粗放的管理模式，是推动新阶段水利高质量发展，保障水利工程安全的必然要求。

2022年3月，水利部印发了《关于推进水利工程标准化管理的指导意见》《水利工程标准化管理评价办法》及其评价标准，要求各地水行政主管部门加快出台推进水利工程标准化管理的意见（方案），加强统筹协调，建立健全评价机制，细化实化各项政策措施，确保标准化管理工作落地见效。2022年8月，新疆维吾尔自治区水利厅成立了自治区水利厅水利工程标准化管理工作专班，印发了《自治区推进水利工程（水库、水闸、堤防）标准化管理实施方案》。

2023年9月，水利部印发《关于加快构建现代化水库运行管理矩阵的指导意见》。意见提出到2025年，建成一批现代化水库运行管理矩阵试点水库和先行区域，形成效果好、可复制、可推广的经验做法。意见明确指出各级水利主管机构应"扎实推动水利高质量发展加快构建现代化水库运行管理矩阵，确保水库安全运行和效益充分发挥"。在全面推进水库工程标准化管理的基础上，充分利用卫星遥感、北斗、无人机等现代化监测技术，综合采取人工巡查、智能巡检、视频监控、仪器监测等手段，依据雨水情监测预报、大坝安全监测分析、水库调度方案及预报预警等信息，结合数字孪生水利建设，强化数字赋能，加快构建以"四全"（全面、全员、全过程、全天候）管理、"四制（治）"（体制、机制、法治、责任制）体系、"四预"（预报、预警、预演、预案）措施、"四管"（出险、体检、维护、安全）工作为核心内容的现代化水库运行管理矩阵，全面提升水库运行管理精准化、智能化、现代化水平。

4.2 国家关键领域设备国产化

根据中央网络安全和信息化委员会印发《"十四五"国家信息化规划》，信息化产业作为新基建的重要组成和发展依托，对国民经济发展的基础支撑、创新驱动和融合牵引作用日益凸显，也将成为产业创新、拉动经济发展、释放动能的重要抓手之一。未来围绕"新基建"的国产软硬件全面规模化应用进程将逐步加快，信息化产业面临加速发展的黄金机遇期。

4.3 高科技、新技术在大坝监测领域使用越来越广泛

GNSS是针对坝体表面变形监测应用市场研发出的新一代一体化普适型接收机。该接收机内置自主研究的高精度GNSS模块，支持BDS、GPS、QZSS、GLONASS等全系统全频点的稳定原始观测量输出，具备GNSS静态监测能力。接收机内置独立GNSS天线，可稳定接收卫星信号，配合MEMS传感器提供的加速度、倾角等数据进行多功能监测。

4.3.1 北斗/GNSS站际分区整数钟估计算法

利用北斗/GNSS站际分区整数钟估计算法，利用区域范围内钟差参数和轨道误差的相关性补偿实时轨道误差的影响，为提高北斗/GNSS PPP用户模糊度固定的可靠性及定位精度提供了一套科学有效的新方法。采用该方法的终端定位精度和RTK相当，单历元水平方向统计精度可达毫米级。

4.3.2 全系统全频点静态解算模式

全球卫星导航定位系统凭借其全天候高精度定位、导航与授时服务能力，正被深度融入"新基建"应用领域。为提升GNSS服务性能，各主要导航系统从卫星几何结构、星座构型、信号体制与增强信息等角度进行了全面更新处理。

5 对策建议

下坂地水利枢纽工程是国务院批准的《塔里木河流域近期综合治理规划》中确定的唯一山区水利枢纽工程，属国家、新疆维吾尔自治区重点工程建设项目。该工程地处高原地区，特点是高海拔、高边坡、高地震烈度，常见大风、极寒等恶劣天气，安全运管工作以人工为主，日常运管工作面临很大困难。针对工程结构特点、薄弱环节，即人工监测大坝外部变形、库区人工巡检效率低、盲区多、依赖人员责任心等现状，建议研究一套安全有效、操作便捷、作业效率高，适用于高海拔地区的水利枢纽安全自动监测体系，搭建下坂地水利枢纽安全动态智能感知体系，实现对水库大坝、发电厂厂房的健康动态评价和数据采集全覆盖，为后续建设水利枢纽数字孪生体、建立综合数字模型打好坚实的数据基础，满足下坂地水利枢纽的迫切应用需求。

自动化技术在高原水库大坝外部变形安全监测上的应用浅析

戴　龙

（新疆下坂地水利枢纽工程建设管理局，新疆　喀什　844000）

摘　要：2023年9月，水利部印发《关于加快构建现代化水库运行管理矩阵的指导意见》，指出"扎实推动水利高质量发展加快构建现代化水库运行管理矩阵，确保水库安全运行和效益充分发挥"，要求到2025年，建成一批现代化水库运行管理矩阵试点水库和先行区域，形成效果好、可复制、可推广的经验做法。明确指出各级水利主管机构应在全面推进水库工程标准化管理的基础上，充分利用卫星遥感、北斗、无人机等现代化监测技术，综合采取人工巡查、智能巡检、视频监控、仪器监测等手段，依据雨水情监测预报、大坝安全监测分析、水库调度方案及预报预警等信息，结合数字孪生水利建设，强化数字赋能，加快构建以"四全"管理、"四制（治）"体系、"四预"措施、"四管"工作为核心内容的现代化水库运行管理矩阵，全面提升水库运行管理精准化、信息化、现代化水平。本文就高原水库大坝外部变型监测存在的问题及自动化提升设想进行了分析和探讨，并提出几点建议，以供参考。

关键词：高原水库；自动化；变形监测；位移

新疆下坂地水利枢纽工程位于新疆塔里木河源流叶尔羌河主要支流之一的塔什库尔干河中下游，是塔里木河流域综合治理中的山区水库枢纽工程，主要任务是以生态补水及春旱供水为主，结合发电的综合性Ⅱ等大（2）型工程。水库正常挡水位2960m，总库容8.67亿m^3，电站总装机150MW。枢纽建筑物由拦河坝、导流泄洪洞、引水发电洞和电站厂房四部分组成。大坝为沥青混凝土心墙砂砾石坝，坝顶高程2966.00m，最大坝高78m。导流泄洪洞布置在右岸，引水发电洞布置在左岸，穿越哈木勒提沟拐向正东。电站厂房布置在坝址下游8.5km河道的左岸。

依据《土石坝安全监测技术规范》（SL 551—2012）的要求，结合下坂地工程实际和2012年第一次测量情况，外部变形监测布设专二级平面基准网，采用全站仪极坐标法测量大坝、高边坡、导流洞变形监测观测点平面位置及垂直位置变形。

大坝外部变形监测布设监测基准网有 7 个点（图 1），大坝坝体变形观测监测点 49 个（图 2），监测点埋设标石为强制对中观测墩。

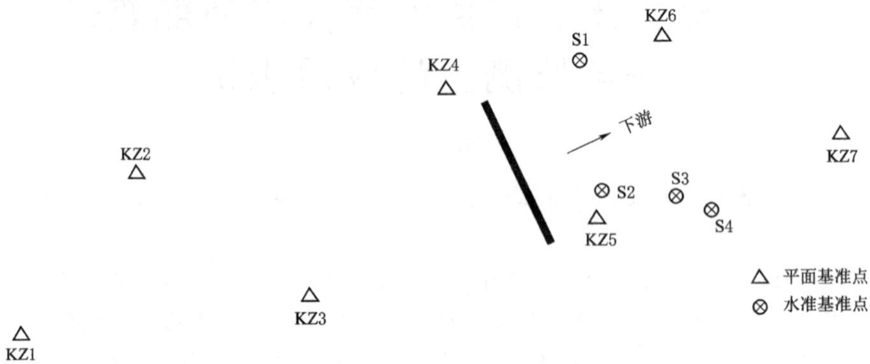

图 1　基准网点布置示意图

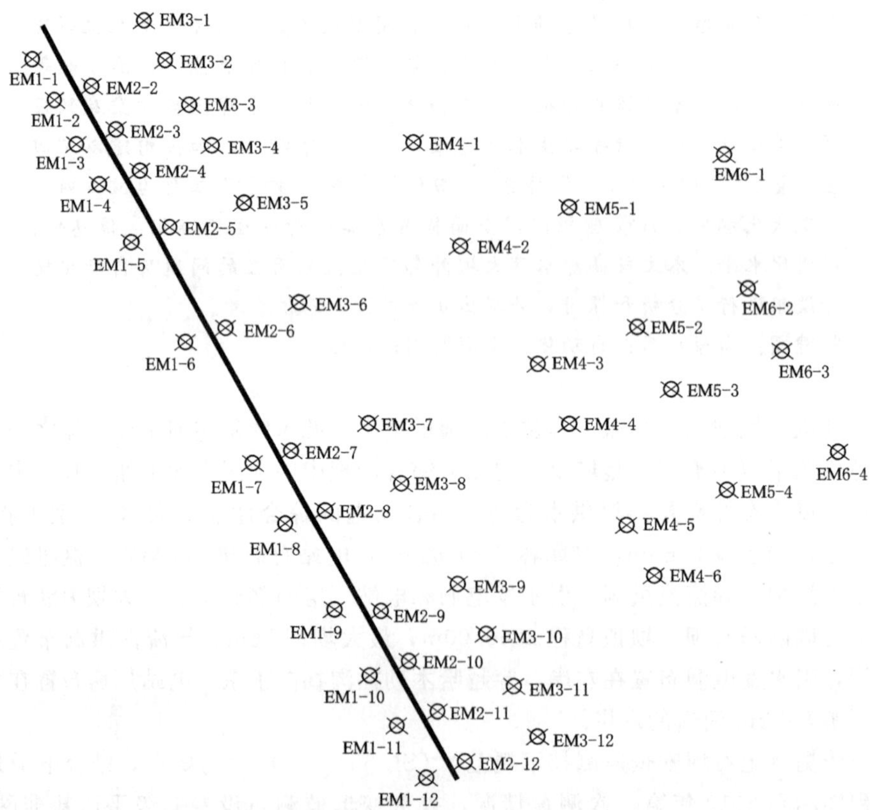

图 2　大坝坝体变形观测监测点分布图

1 下坂地水库大坝多年安全监测情况

（1）在左右岸方向水平位移上，大坝左岸监测点向右岸方向位移，大坝右岸监测点向左岸方向位移，越靠近坝两端位移量越大。右岸最大位移量发生在EM2－12监测点，2012—2022年向左岸方向累计位移量为82.62mm；左岸最大位移量发生在编号为EM2－2监测点，2012—2022年向右岸方向累位移量为68.79mm。大坝监测点左右岸方向位移整体为稳定趋势。

（2）大坝监测点在上下游方向水平位移上，大坝监测点在2012—2022年为止，整体向下游方向位移，左岸监测点向下游方向位移量比右岸监测点向下游方向位移大；2012—2022年下游方向最大位移量为89.06mm，发生在EM3－5监测点；大坝监测点水平上下游方向位移整体为稳定趋势。

（3）大坝监测点在垂直位移上整体沉降，坝中间监测点沉降量比较大，越到坝两端或坝下游沉降量越小。2012—2022年最大沉降量为345.97mm，发生在EM1－7监测点；2012—2022年坝体表面平均沉降量为231.40mm。

注：新疆水利水电科学研究院监测到EM6－1、EM6－2两个监测点从2017—2018年累计沉降量532.15mm，初步判断是受到2017年维修X613道路的影响。2018—2022年沉降量为8mm。

综上，可以看出，下坂地水库运行10余年，大坝外部变形基本基于稳定。

2 下坂地水库外部变形监测存在的问题和需求

（1）下坂地水利枢纽工程地理位置在塔什库尔干塔吉克自治县班迪尔乡境内，平均海拔3000m以上，冬季漫长、六月飘雪、空气稀薄，很多人会出现胸闷气短、头疼腿软等高原反应，人员体力消耗大，自然条件恶劣，传统的变形监测人工测量方法时间比较长，劳动强度大，因此测量精度受地形条件和人为因素的影响比较大，此外测量数据的连续性、实时性方面越来越难以满足大型水利枢纽工程的自动化程度和动态监测要求。

（2）按照新时代水利工作新要求，结合下坂地水库实际构建一个安全、可靠的外部变形监测系统，该系统能够精确、实时、全天候、全自动获取变形观测点的有关三维坐标信息，通过监测数据自动形成初步的分析报告，工程技术人员结合边坡监测数据做进一步的分析、处理与判断，得出最终变形的分析成果报告，为安全决策提供有力支持[1]。该系统能够实时感知监测对象外部变形情况，动态评判变形变化趋势，及时预报预警，为工程安全运行提供有力支撑。

3 对下坂地水库大坝外部自动化变形监测的设想

（1）下坂地水利枢纽工程表面变形观测范围主要包括水库大坝上下游、左右岸高边被、导流泄洪洞进水口高边坡、导流泄洪洞出水口高边坡、侧槽溢洪道高边坡，控制点共计 7 个，测点共计 81 个。目前将 81 个监测点全部建设 GNSS，在坝底建设一套 GNSS 基准点，对大坝、边坡表面变形监测数据自动采集、传输、存储。并在每个监测点观测墩上安装棱镜，后期方便管理人员进行人工校准。

(2) GNSS 系统通过卫星与卫星之间、卫星与地面接收站之间互相发送卫星信号，相互通信计算实现位置的定位。在实际应用中通常采用差分定位技术，即在用户卫星接收机附近设置一个已知精确三维空间坐标的基准站，基准站和用户卫星接收机同时接收卫星导航信号，基准站将测得的空间定位信息和已知的精确空间三维坐标进行比较，计算得到准确的修正值，然后将修正数据通过数据链广播给覆盖区域内的用户卫星接收机，用以提高用户的定位精度。采用一体化 GNSS 设备，集成了主机、天线、采集传输、无线通信、太阳能供电系统等，无需外部设备箱、电池箱，具有安装方便、免维护的特点。并且 GNSS 设备下方安置有棱镜，可用于定期人工观测对比和校核，人工观测和自动化监测两者兼顾。GNSS 监测系统广泛应用于坝体变形监测，可有效预防避免灾害事件发生，保障重要设施和人民财产安全。

(3) 可解决的问题。

1) 不受通视条件限制。与全站仪和测量机器人相比，监测点与控制点之间只有通视才能进行观测，而 GNSS 测量的一个显著特点就是监测点与控制点之间无须保持通视，只需测站上空开阔即可，因此变形监测点位的布设较为灵活，实用性更强[2]。

2) 全天候监测。GNSS 测量不受气候条件的限制，在起雾、刮风、沙尘、结冰等光学仪器难以作业的恶劣天气下仍能够正常工作，这对于水利工程的安全监测具有重要意义。

3) 实用经济，运维成本低，无须周期性养护。GNSS 外壳硬度高，免受山体落石影响，可通过远程配置平台实现远程配置管理，自动化系统相较于人工观测，可以获得更多更详细的观测资料[3]，一次性建成后无须为单次观测支出成本，从长远来讲成本更低。

(4) 技术培训。鉴于系统建设完成以后需自行运行，可考虑在监测系统安装、调试、试运转以及整机质量保证期内，建设单位应派遣必要数量的有资格、有经验、有技术、健康、能胜任工作的专业技术人员到项目现场从事以干代培，全程参与建设工作。建设使用后，可考虑签订维保服务协议，要求承建单位定期通过培训，使水库干部职工熟练并掌握本系统的操作和日常维护，监测设备常规故障判断及处理、监测软件异常故障处理、监测系统熟练掌握并正确进行数据分析、对各大子系统监测内容的理解及掌握等，具备独立工作的能力。

4 结束语

如实施大坝外部自动化变形监测项目建设，可以为下坂地水库科学安全规范运行提供一定帮助。

（1）可提高水库水利设施的安全监测预警及趋势分析能力，将险情控制在萌芽阶段。

（2）通过加大自动化观测频次，发现大坝安全隐患问题，更好地保护人民的生命财产。

（3）解决下坂地水库日常巡查范围大、巡检路径长、环境复杂等原因造成的人员工作强度大、效率低、检查不全面等问题，可以实现水利设施巡检少人化值守，有效降低人工成本和管理成本。

参考文献

[1] 彭慧荣．乌鲁瓦提大坝外部变形观测布置及分析［J］．水利科技与经济，2016（3）：25－27.

[2] 尤相骏．徕卡新一代GeoMoS自动监测系统在水库大坝外部变形监测系统中的应用［J］．测绘通报，2016（12）：67－68.

[3] 翟新峰．昌吉市三屯河水库大坝外部变形监测与资料分析［J］．水利与建筑工程学报，2008（6）：103－105.

下坂地水电站电气故障分析与处理

余义华

（新疆下坂地水利枢纽工程建设管理局，新疆　喀什　844000）

摘　要： 本文提供了高海拔水轮发电机组投入运行后检修过程中暴露出来的机组及电气设备的相关电气缺陷，重点介绍了转子故障的分析、处理，机组轴电流超标的分析、处理，主变压器高压侧断路器操作机构故障原因的分析、处理，出线平台及相关电气设备的故障原因的分析、处理。通过故障原因分析，提出了解决方案与改进建议，对水电站的电气检修、设备运维具有一定的参考价值。

关键词： 水电站；故障；分析；处理

下坂地水力发电厂地处高寒、高海拔山区，装机 3 台 50MW 额定水头 190m 的混流式水轮发电机组，电气主接线采用发—变组单元接线，机端额定电压 10.5kV，经 10.5kV 母线送至额定容量为 63MVA 三相双线圈无励磁调压升压变压器 SSP9 - 63000/220 的低压侧，220kV 单母线运行。

机组检修依据《燃煤火力发电企业设备检修导则》（DL/T 838—2017）及《电力设备预防性试验规程》（DL/T 596—2021）予以实施。梳理设备缺陷，上报年度检修计划，年度检修工器具、材料、技术方案的准备，实施安全措施、技术交底，消缺，检查评估。

1　转子故障分析、处理及改造更换

2022 年，3 号机组大修，转子直流电阻测试时，检测发现转子电阻实测值为 0.35Ω，设计值为 0.144Ω，超设计值 2 倍多。分解转子磁极引线时找到故障点，设计存在工艺缺陷，连接片采用的是 2 个 M12 的螺栓连接，如图 1 所示。

转子长期高速运转，螺栓松动，发热积聚，灼伤引线。银铜焊接处理，3 号转子直流电阻 0.146Ω，在规范允许的范围内，投入运行后转子工况良好。

2　机组轴电流偏大故障原因分析与处理

机组上下导轴承由导轴承座、导轴瓦等组成。导轴承采用分块巴氏合金

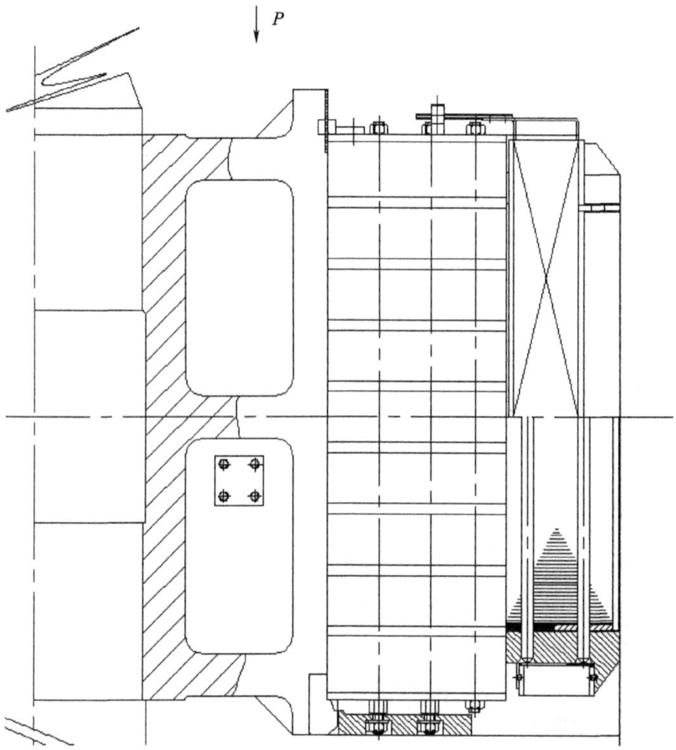

（a）转子装配图

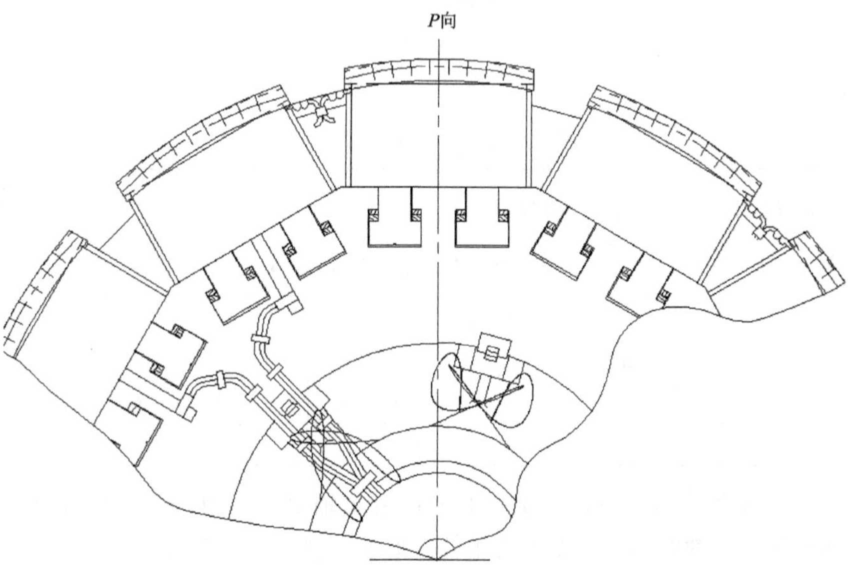

（b）P向剖面图

图 1　转子装配图及 P 向剖面图

瓦，导瓦油膜间隙通过调节支柱螺钉调整。发电机的推力轴承及导轴承均对地绝缘，以预防轴电流烧坏轴瓦，设计两者对地绝缘电阻均不低于 1.0MΩ。机组 2016 年以来轴电流显示异常，呈逐步扩大趋势，在进相深度大、机组接近额定负载时轴电流超标告警[1]。检查上下轴瓦则未见明显电蚀损伤现象，局部放电痕迹进行了清理，上下导轴承透平油检测未见油质异常现象。下坂地水电站轴电流 CT 采用西安江河生产的专用穿心式轴电流互感器，其变比为 100/1，饱和倍数为 10 倍，二次输出绕组共有 2 组，分别为工作绕组和试验绕组。轴电流二次输出报警整定值为 5mA，即一次轴电流为 0.5A。

1 号、2 号发电机轴电流实测结果汇总见表 1。

表 1　　1 号、2 号发电机轴电流实测结果汇总

机组号	工　况	测量地点	轴　电　流	
			幅值/mA	主频/Hz
1 号	50MW（满负荷）	1 号发变组保护屏	180	(1) 7.1（即转频） (2) 14.2（2 倍转频）
2 号	50MW（满负荷）	2 号发变组保护屏（试验绕组短路）	220	(1) 7.1 (2) 14.2
	50MW（满负荷）	2 号发电机端子箱（试验绕组短路）	220	(1) 7.1 (2) 14.2
	50MW（测试验绕组回路轴电流）	2 号发电机端子箱（试验绕组短路）	320	(1) 7.1 (2) 14.2
	空转	2 号发变组保护屏（试验绕组开路）	12.5	(1) 7.1 (2) 14.2
	空载	2 号发变组保护屏（试验绕组开路）	320	(1) 7.1 (2) 14.2

2 号机组轴电压实测结果见表 2。

表 2　　2 号机组轴电压实测结果

工况	轴　电　压		备　　注
	幅值/mV	主频/Hz	
50MW	480	50（即工频）	轴 CT 试验绕组短路
空载	480	50	轴 CT 试验绕组开路

2 号机组停机时用万用表测得其发电机主轴对地电阻小于 1Ω，已接近为 0，而空转和空载时测得其发电机主轴对地电阻则均大于 1MΩ。经进一步检查发现机组的大轴接地线被用作转子一点接地保护的“接轴”，接地碳刷接地不牢靠。轴电流 CT 性能检测，现场实测的最大二次输出电流值不仅大于报警整

定值，而且远大于其10倍饱和值。对比机组小修时轴电流CT变比和饱和倍数检测数据，结果验证其变比正确，且在一次电流达到50A时，其二次电流的线性度依然良好。

发电机轴电流和轴电压频率不一致，可以排除轴电流超标是由工频轴电压引发的可能，从机组在各种运行工况下其轴电流的频率均为转频和2倍转频而非工频看，轴电流超标并非励磁等外界干扰所致。实测轴电压较小(480mV)；机组在空转、空载时转轴绝缘良好，无法形成一次电流回路；一次轴电压和二次轴电流的频率不一致；机组检修中检查轴瓦和绝缘油均未见异常；机组不大可能出现较大的一次轴电流。

处理办法：为消除大轴静电电压，大轴经过接地碳刷一点可靠接地运行。处理上导瓦、下导瓦绝缘，更换瓦背绝缘垫片，采用500V绝缘摇表检测均为无穷大。

3 主变高压侧断路器2203操作机构故障原因分析与处理

2022年12月27日1时5分，上位机下3号机组空载令，监控系统报：下坂地水电站3号机组开出第2点动作（分3号机组主变高压侧断路器），3号机组开出第94点动作（3号机组顺控使能），3s后下坂地水电站3号机组开出第2点动作复归（分3号机组主变高压侧断路器），3号机组开出第94点动作复归（3号机组顺控使能）。在下位机操作3号机组空载，监控系统报相同报文，LCU A3柜开出继电器分3号机组主变高压侧断路器[2] 灯亮。现地检查3号主变高压侧断路器2203操作柜接线无松动，打开3号主变高压侧断路器2203操作机构后检查发现断路器液压机构电机泵支撑架断裂，2203断路器本体液压机构未储能，现地手动储能后，自动分闸3号主变高压侧断路器2203，机组正常停机。

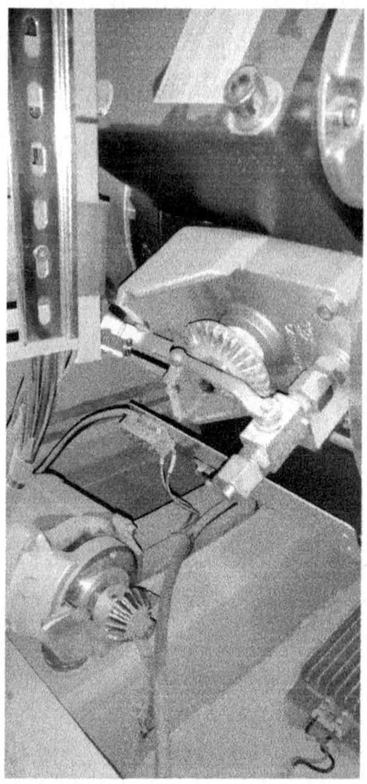

图2 断路器液压机构电机泵支撑架断裂

断路器液压机构电机泵支撑架断裂（图2）影响自动储能，设备备品备件未到位前，采用手动储能方式实施储能。手动储能后断路器在操作权远方分闸、合闸操作正常，不影响保护功能，运行基本可控。为保障设备正常运行，运行中定时检查断路器储能情况，排除类似故障缺陷。备件到货后，退出运行，实施更换。

4 水电站运行过程中暴露故障原因分析与处理

瓦温过高报警，机组推力瓦、上导瓦、下导瓦、水导瓦 PT100 铂热电阻运行工况异常，运行过程中出现上导瓦、下导瓦温过高导致跳闸，停机后检测 Pt100 铂热电阻阻值异常，Pt100 温度与电阻的转换公式为 $T=(R-100)/0.385$，其阻值量测时不稳定，已超出量程。确认后临时甩开显示异常瓦温所在温控器的跳闸回路接点后并网，后续及时更换工作异常的铂热电阻，有效避免了因测温异常[3] 导致的机组事故停机。

通信干扰导致机组事故停机，机组停机完成后，运行人员在测温屏使用对讲机反馈机组停机工况时，机组 LCU 柜上告警事故停机（水机常规保护动作）、过速限制器事故配压阀动作、过速限制器电磁配压阀动作、大于 150%转速（机械）（水机保护动作）、大于 140%转速（电气）、调速器事故停机。监控系统上位机同步报文机组有事故信号、机组事故停机（水机常规保护）、机组过速限制器电磁配压阀动作、机组过速限制器事故配压阀动作、机组事故停机、机组调速器综合故障、机组大于 140%转速（电气）、机组大于 115%机械转速（电气）、机组灭磁开关分、机组主阀全关。人员汇报时离 2 号机组测温屏距离 1m 以来，对讲机电磁信号干扰测温装置，机组测温屏测温装置异常输出瓦温过高信号，造成机组事故停机信号触发，后续为规避类似故障现象的发生，对讲机及手机通话时要求远离测温装置、安全自动装置、通信装置 10m 以上。

CT 回路开路[4] 造成端子箱处异常放电，机组出口隔离开关温度不正常升高。运行过程中 10kV 断路器合闸失败，核查合闸线圈异常损坏。

5 出线平台设备线夹故障分析、处理及改造更换

2022 年 10 月 8 日，220kV 坂齐热线出线有功功率 130MW。21 时 15 分用红外热成像仪巡查 220kV 坂齐热线 2918 线路下坂地出线平台时发现，220kV 坂齐热线下坂地出线平台龙门架 A 相引流线部位设备线夹温度异常达 134.9℃，如图 3 所示。

经调整负荷至 70MW，220kV 坂齐热线下坂地出线平台龙门架 A 相引流线部位设备线夹温度降至 71℃，采取监控线夹[5] 温度的措施，购置设备线夹予以更换，更换完成后检测线夹运行温升 10～20℃，保障了系统的稳定运行。

6 措施及建议

为了预防类似事故发生，需要按规程实施机组、电气一次及二次设备、计算机监控系统、通信设备等的检查，重点检查端子有无松动、发电机端子箱油污、防火堵料封堵情况，对励磁盘柜、出口隔离开关、互感器柜、隔离开关

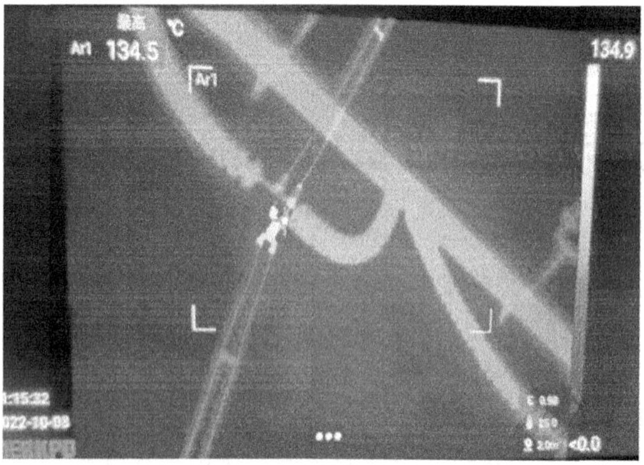

图 3　220kV 坂齐热线下坂地出线平台龙门架 A 相引流线部位设备线夹温度异常

柜、厂变柜盘柜等彻底清扫、校验。

为确保设备优质工况，运行过程中应严格按要求实施定期工作，检验、检查设备运行工况，更好地保证电厂的安全运行[6]，事故凸显了强化运行维护消缺对机组安全运行的重要性，对类似电站有一定的参考价值和借鉴作用。

参考文献

[1] 肖俊明，余义华，贾良宝．计算机监控系统在水电厂机组控制中的应用研究 [J]．水利水电技术，2013，44 (11)：124-127.

[2] 肖俊明，余义华，贾良宝，等．基于仿真的主变非完全差动保护误动分析与处理 [J]．水利水电技术，2014，45 (4)：50-54.

[3] 余义华．基于 MATLAB/Simulink 的 GIS 盆式绝缘子闪络放电分析与处理 [J]．水利水电技术，2012，43 (10)：88.

[4] 余义华．下坂地水电站 1＃机组启动试运行综述 [J]．水利水电技术，2012，43 (10)：68.

[5] 余义华．立式水轮发电机转子中心体热套不到位的研究与处理 [J]．水电站机电技术，2013，36 (4)：55.

[6] 陈家恒，等．小湾水电站典型电气事故隐患分析与解决方案 [J]．水力发电，2011，37 (9)：65.

水利项目投资管理的几点思考

李　蔚

（新疆下坂地水利枢纽工程建设管理局，新疆　喀什　844000）

摘　要：工程项目投资大，建设周期长，这些投资的使用效果会严重影响一地的国民经济发展和宏观经济走向。为加强项目投资控制管理，本文列举了投资控制管理的重要性与原则、现阶段项目投资体制的变革、加强项目投资控制管理的措施等，从多方面多管齐下，努力管控好项目投资，增加项目效益。

关键词：项目；投资控制；管理

工程项目的投资控制管理是根据建设单位或项目业主的总体目标和建设要求，对工程项目投资进行有效组织、实施、管控、跟踪、反馈、绩效分析等系列活动。水利工程投资的特点是工程造价巨大、建设周期长，这些投资的使用结果和效果会严重影响一地的国民经济发展和宏观经济走向。工程项目建设过程是一个充满很大不确定性、复杂的、一次性的、涉及许多影响因素与变数的过程，这些特点造成工程建设过程中产生各种风险，如不能很好管控这些风险，则会带来诸多问题进而造成损失，达不到项目投资的预期目标，造成投资失效。因此，加强工程项目投资控制管理是投资部门和项目业主必须重视的问题。

1　水利项目投资控制管理的重要性与原则

1.1　水利项目投资控制管理的重要性

（1）水利项目作为一次性建成投入使用的基建工程，其生产过程具有明显的单一性和独特性，这是水利工程区别与非工程项目的重要特征。同时，工程建设活动过程不可逆，也不重复，因此带来了较大的风险性和管理的特殊性。因此，加强项目投资管理和控制，保证项目工程目标在规定的条件下实现，是项目建设管理非常重要的事项。

（2）工程项目的系统性要求。工程项目建设和运行管理是一个复杂的长期过程，是一个由人员、技术、资源、时间、空间和信息等多种要素组成的有机整体。现代系统理论为认识项目的系统属性提供了科学方法，有助于从根本上把握项目的自身规律。项目投资管理和控制工作还受到系统外部的影响，如业主要求的变化、通货膨胀、交通、能源、物价等，项目投资管理必须正视这些影响，及时调整自身的活动以适应外部因素变化带来的影响。

（3）工程项目的建设本身也具有特殊性，主要表现在工程产品的地点固定、体积庞大和结构复杂，导致施工中各种生产要素的流动性大，所需工种多样且相互差别大，施工过程组织复杂。同时，工程施工周期长，施工环境在露天、高空、地下、水中作业，易受气候、地震、地质条件等因素的影响。以上因素均直接影响工程项目投资管理，给项目投资管理和控制工作带来困难。

1.2 水利项目投资控制原则

1.2.1 投资节约性原则

节约是提高项目经济效益的核心，是投资控制的一项基本原则。当然，节约不是消极地限制与监督，而是积极创造条件，从提高项目的科学管理入手，以使用新技术、新材料、新工艺和优化管理水平为载体，达到节约目的。实际中很多情况是只注重成本开支管理和有关规章制度建立健全，强调事后检查和分析，进行事后控制，缺乏投资管理的预见性。

1.2.2 全面控制投资原则

项目投资管理中的全面控制投资原则，一是要对项目全员实行投资控制管理，这涉及项目组织中的所有部门和所有人员，要降低投资成本，必须调动所有部门和人员的主动性与积极性，全部参与到投资控制工作中。二是对项目实施的全过程实行投资控制，这涉及从项目确定到项目实施再到竣工投入使用的整个过程。

1.2.3 动态控制原则

动态管理就是在项目整个建设管理过程中，把项目总目标分解成若干子目标，把子目标的每一关系、每一环节、每一工种等都与其因素相联系，采用一种流动的方法去协调子目标中各个因素的关系，而不是一成不变的单一的管理过程。

1.2.4 责权利相结合原则

在项目建设管理过程中，建立和完善谁节约谁受益、谁超支谁受罚的管理制度。

2 现阶段项目投资体制的变革

2.1 现阶段投资体制改革

改革开放以来，国家对原有的投资体制进行了一系列改革，打破了传统计划经济体制下高度集中的投资管理模式，初步形成了投资主体多元化、资金来源多渠道、投资方式多样化、项目建设市场化的新格局。为充分发挥市场配置资源的基础性作用，确立企业在投资活动中的主体地位，规范政府投资行为，2004年7月，《国务院关于投资体制改革的决定》提出了深化投资体制改革的指导思想、目标和具体措施，这是改革开放以来，投资领域最全面、最系统的改革方案，是深化投资体制改革的纲领性文件，是我国投资体制改革过程中具有标志意义的里程碑。

为充分发挥市场在资源配置中的决定性作用和更好发挥政府作用，进一步转变政府职能，深入推进简政放权、放管结合、优化服务改革，2016年7月，国务院印发《关于深化投融资体制改革的意见》，这是以中央名义发布的第一个投融资体制改革的方面的文件，是对2004年《国务院关于投资体制改革的决定》的进一步深化，是投融资领域推进供给侧结构性改革的顶层设计，也是新起点上纵深推进投融资体制改革的纲领性文件和新常态下发挥好投资关键作用的重要遵循。

2.2 现阶段审批制度改革

审批制度改革是伴随着投融资体制改革一并进行的，《国务院关于投资体制改革的决定》首次提出改革一律按投资规模大小分别由各级人民政府及有关部门审批的企业投资管理办法；对于企业不使用政府投资建设的项目，一律不再实行审批制，区别不同情况实行核准制和备案制。

2.2.1 政府投资项目审批制度改革

政府投资项目严格按照《政府投资条例》执行。政府投资是指在中国境内使用预算安排的资金进行固定资产投资建设活动，包括新建、扩建、改建、技术改造等。政府投资资金按项目安排，以直接投资方式为主，对确需支持的经营性项目，主要采取资本金注入方式，也可以适当采取投资补助、贷款贴息等方式。政府投资项目是政府采取直接投资方式、资本金注入方式投资的项目，对于这类项目采取审批制，审批项目建议书、可行性研究报告和初步设计文件。采取投资补助和贷款贴息的，审批资金申请报告，但不同于政府投资项目的“审批制”。通过《政府投资条例》对实行审批制的政府投资项目进行规范化管理，“审批制”是最严格的一种行政许可审查制度，其突出特点就是审查人员可以拥有是否予以行政许可的“选择权”。

2.2.2 企业投资项目审批制度改革

企业投资项目按照《企业投资项目核准和备案管理条例》《国务院关于发布政府核准的投资项目目录（2016年本）的通知》《企业投资项目核准和备案管理办法》等执行。企业投资项目是指企业在中国境内投资建设的固定资产投资项目。事业单位、社会团体等非企业组织在中国境内投资建设的固定资产投资项目适用企业投资项目，但通过预算安排的固定资产投资项目除外。核准目录范围内的企业投资项目实行核准制，其余一律实行备案制。

《政府核准的投资项目目录》中所列重大项目和限制类项目的，均应当向投资主管请求核准。进行核准的项目，应当向核准机关提交项目申请报告。实行核准制的项目，应主要从是否危害经济安全、社会安全、生态安全等国家安全，是否符合相关发展建设规划、技术标准和产业政策，是否合理开发并有效利用资源，是否对重大公共利益产生不利影响等角度进行核准。实施“核准制”的核心就是要有明确的是否予以核准的条件和标准，这些条件和标准是客观的、可测量的、可追溯的。凡属于《政府核准的投资项目目录》以外的企业投资项目，均实行备案制。“备案制”强调企业应依法履行事后告知义务。

3 项目投资管理中存在的问题

（1）缺乏完善的责权利相结合的投资控制管理体制。现行工程项目投资管理体制，许多项目不能很好地将投资控制的责权利结合起来，有些只是简单地把项目投资控制责任归于主管部门，没有形成完整的体系，不利于发挥各阶段管理部门和人员的积极性，不利于推广使用新技术、新管理方法，从而不利于项目投资的管控。

（2）缺少对项目工期成本的管控。长期以来，项目管理和建设单位未能充分重视项目工期和成本的关系，往往对工程质量多强调而忽视项目建设期限，认为延长工期是理所应当的，对延长工期造成成本增加和工程建成后发挥功能创造价值考虑较少。

（3）项目投资控制流于形式，对建设过程指导意义不大。一般而言，每个项目管理部门都有造价和资金管理人员，但在具体的工作中只是机械地执行批准的设计文件和按图纸计算，在工程建设过程中没有将投资预算和成本核算结合起来。由于项目没有阶段性成本分析，没有预算投资与建设成本分析，没有计划成本与实际成本比较，因此对项目投资管控作用不大。

（4）当前工程项目投资控制管理工作中还普遍存在项目投资管控没有贯穿整个项目建设全过程，一般是项目建设完成做出竣工决算后才得出项目实际花费，对工程是否突破投资、早日产生效益重视不够。

4 加强项目投资控制管理的措施

4.1 严格执行项目的基本建设程序

基本建设程序是指工程项目从提出设想，经过前期论证、投资决策、建设准备、建设实施、竣工验收直至投产运营所经历的全过程。基本建设程序反映了投资项目管理工作的特点和要求，是基本建设经济规律的表现。基本建设程序一般分成前期阶段、准备阶段、实施阶段和投产运营四个阶段，这些阶段是有严格的先后次序，相互衔接，环环相扣，任何一个阶段出差错，势必影响全局，甚至造成不可弥补的损失。严格按基本建设程序办事，也就是按经济规律办事。只有按步骤、有秩序地进行建设，才有可能加快工程进度，收到预期效果。

4.2 建立和完善责权利相结合的项目投资管理体制

建立项目法人责任制和成本核算制是实行项目投资管控的关键，特别是项目成本核算制是基础。项目成本核算又是项目投资管控的依据，没有成本核算，其他诸如投资分析、投资控制、投资计划等都无从谈起。项目法人的投资核算部门是工程成本管理与核算的职能部门，应当充分发挥其居中管理的职能，调动各有关部门和人员的积极性，使项目实施人员真正认识到工程成本管理在项目建设中有着不可替代的重要作用。

4.3 完善工程成本管理制度

每一个工程项目都有其独特性，要根据工程的特点制定有针对性的投资成本管控办法，如质量成本管理办法、工期成本管理办法、招标管理办法、合同管理办法等。这些管理办法要具有可操作性，责任要明确到具体岗位，使项目的投资成本控制有法可依、有章可循。

4.4 加强工期成本的管控

工期成本一般由赶工措施费用和工期损失费用构成，再加上工程不能按期建成投入使用产生效益造成的损失。在项目建设过程中要综合工期成本的各种因素，找到一个工期成本最低的平衡点。

4.5 加强合同管理

合同管理是项目建设管理的重要内容，也是项目投资管控的重要依据。合同管理的时间范围应从合同谈判开始直至合同义务终止，必须严格遵守合同，以合同约定为核心开展计价、结算、价差调整等工作，特别是项目中出现的不确定因素，诸如变更、工程签证等，其审核必须按合同约定的要求，审核有效性和合法性，以保证审核质量，从而达到投资管控的目的。

5 结语

综上所述，工程项目投资管理是一项系统工程，是集技术、经济、管理、制度等各专业知识相结合的重要工作，工程项目投资管控应采取全过程、全方位的动态模式，贯穿于项目实施的事前立项设计阶段、事中建设阶段、事后运行管理阶段。加强工程投资管控，可以避免项目建设中存在的薄弱环节，杜绝浪费，有效提高项目建设投资效益。

下坂地水利枢纽数字孪生建设方案分析

努尔艾合买提·尼亚孜

（新疆下坂地水利枢纽工程建设管理局，新疆　喀什　844000）

摘　要：为了促进下坂地水利枢纽工程建设管理局信息化水平，提升工作效率，基于下坂地水利枢纽工程建设管理局信息化建设现状，采用数字孪生流域、数字孪生工程以及数据融合共享等标准规范，对下坂地数字孪生平台建设内容进行了探讨，提出下坂地数字孪生系统架构包括数字孪生平台建设、信息化基础设施、智慧应用体系，为项目建设提供了技术支撑。

关键词：下坂地水利枢纽；数字孪生；信息化；系统构架

数字孪生是智慧水利建设的核心与关键，为了搭建下坂地水利枢纽工程建设管理局数字孪生平台，夯实信息基础设施，提升业务应用智能化水平，需对下坂地水利枢纽工程建设管理局数字孪生系统构架建设内容进行分析。

1　概况

下坂地水利枢纽工程位于新疆叶尔羌河主要支流之一的塔什库尔干河中下游，为Ⅱ等大（2）型工程，水库总库容 8.67 亿 m^3，库区水面面积 20.91km^2[1]，工程由拦河坝、导流泄洪洞、引水发电洞和电站厂房四部分组成，并配套有 3 个专用水文站、2 个雨量站及 4 个地震监测点。

2　建设目标

按照水利部关于数字孪生流域、数字孪生工程以及数据融合共享等方面的标准规范要求，下坂地水利枢纽数字孪生项目总体目标：搭建下坂地水利枢纽数字孪生平台，构建工程“四预”智慧体系，实现数字工程与物理工程同步仿真运行，提升水利枢纽决策与管理的科学化、精准化、高效化能力和水平，为新阶段下坂地水利枢纽高质量发展提供有力支撑和强力驱动。

一是搭建数字孪生平台，主要建设数据底板、模型库、知识库、孪生引擎等[2]。数据方面重点融合枢纽、库区、电站内部和其他相关区域的二维及三维空间地理信息数据、建筑信息模型（building information modeling，BIM）数据以及基础信息、监测信息等，构建数字孪生 L3 级数据底板；模型方面重点构建水动力学模型和水体、植被、建筑物、孔洞泄流、排沙、监测设备等光影效果可视化模型；知识库重点构建包括汛期和非汛期调度运用规则、枢纽防洪预案、防凌预案、调水方案和历史典型洪水等知识库。

二是夯实信息基础设施，包括监测感知设施、通信网络设施、自动化控制设施、信息基础环境等，构建覆盖各类设施设备的工程物联网，提升工程自动化控制水平，建设集中控制中心和数据中心[3]。

三是提升智慧应用体系，包括工程安全智能分析预警、防洪兴利智能调度、生产运营管理、巡查管护、综合决策支持等。扩展完善防汛调度、大坝安全、闸孔安全、发电安全、库区安全、反恐安全、旅游管理、设备资产管理等相关业务系统。

3 数字孪生平台建设

3.1 数字底板

在共享水利部 L1 级、流域管理机构及省级水行政主管部门 L2 级数据底板基础上，充分利用工程设计施工图纸、建筑信息模型等资料，在下坂地水利枢纽所管辖 22km^2 范围内，结合卫星影像、GIS 和三维建模，建设工程 L2 级和 L3 级数据底板，汇聚工程全要素、全过程地理空间数据、基础数据、监测数据、业务管理数据以及外部共享数据。

3.2 水利枢纽数字化模型

充分利用已有 BIM 资源，或利用工程设计施工图纸等资料结合三维激光扫描等技术构建工程水工建（构）筑物、机电设备 BIM 模型。按照《水利水电工程信息模型分类和编码标准》（T/CWHIDA 0007—2020）的编码体系构建工程 BIM 模型，并进行编码。模型精度按对象划分为不同级别，对于工程土建、综合管网、机电设备等，应构建满足呈现和功能分析的含有数量、几何、外观、位置等信息的功能级模型单元，模型精细度等级应达到《水利水电工程设计信息模型交付标准》（T/CWHIDA 0006—2019）中要求的 LOD2.0 级别；对于闸门、发电机、水轮机等关键机电设备，构建含有准确数量、几何、外观、位置及姿态等信息的构件级模型单元，模型精细度等级达到《水利水电工程设计信息模型交付标准》（T/CWHIDA 0006—2019）中要求的 LOD3.0 级别，并随工程的变化及时进行模型更新。

3.3 基础数据

基础数据主要是获取各类水利对象的特征属性，包括监测数据、业务管理数据和外部共享数据，实行统一编码。监测数据是通过各类监测感知手段获取各类水利对象状态属性，主要包括水文监测数据、工程安全监测数据及其他监测数据等。业务管理数据是获取业务管理中产生的有关数据，主要包括预报调度、工程安全运行、生产运营、巡查管护、会商决策等业务数据。外部共享数据是从水利部门、地方政府等有关部门及其他机构共享获取流域雨水情，上级部门下达的调度指令，工程运行调度影响的人口、土地利用等社会经济数据，以及突发事件、生态环境、渔业、气象、遥感、航运等数据。

3.4 水利专业模型

水利专业模型包括机理分析模型、数理统计模型、混合模型等三类。通过数学语言和方法，为工程安全管理、精准调度、水利机电设备操控运行、可视化调控提供精细化管理。

3.5 知识库

知识库在共享水利部、流域管理机构等部门相关知识库的基础上，构建工程预报调度方案库、工程安全知识库、业务规则库等工程知识库，并不断积累更新，为水库防汛调度、工程安全管理、机电设备运行提供技术支撑。

3.6 数字孪生引擎

数字孪生引擎构建包含数据引擎、知识引擎、模拟仿真引擎等功能的孪生引擎，通过模型计算、实时渲染、参数配置、组合装配、加载调用、计算跟踪、训练优化、模型迭代等技术，支撑各类业务应用。

4 水利信息化基础设施

水利信息化基础设施以感知体系和工控体系为主，感知体系以数字孪生水利工程高保真模拟运行为目标，在现有标准基础上，科学规划监测感知系统，扩展监测项目，加大监测密度，提高监测频次，为数据底板提供全要素实时感知数据。

4.1 水文监测体系

雨量监测共享流域管理机构、地方水行政主管部门相关雨量站监测数据，在《降水量观测规范》（SL 21—2015）和《水文站网规划技术导则》（SL/T 34—2023）基础上，根据需要加密监测，库区未控集雨面积可按每 50km^2 配置不少于 2 处雨量站，在坝区至少配置 1 处雨量站。重点雨量监测站汛期每小时、降水时段内每 5min 自动采集一组降雨量数据，包括时段降雨量和当日累计降雨量；遇暴雨等突发状况时应能按要求加密采集。水位监测应符合《水位观测标准》（GB/T 50138—2010）要求，在坝前、坝后流态平稳区域各设至少 1 处水位自动监测站，可根据实际需求采用视频监视等方式配合校核数据。水位自动监测频次应不低于 6min 一次。流量监测在共享流域管理机构、地方水行政主管部门相关水文站监测数据的基础上，对工程入、出库流量进行监测。泥沙监测应符合《河流悬移质泥沙测验规范》（GB/T 50159—2015）要求，在回水末端至坝前采用自建等方式进行水库淤积监测。针对坝前漏斗区、淤积三角洲顶坡段、支流拦门沙坎等冲淤变化明显区域或其他重点部位，开展水下地形扫描监测，精确测验冲淤形态变化。

4.2 工程安全监测

工程安全监测覆盖工程建（构）筑物、金属结构、机电设备等，包括变形监测、渗流监测、应力应变及温度监测、环境量监测、运行状态监测、险情监测、工程专项监测、安防监控与巡视检查等。在《土石坝安全监测技术规范》（SL 551—2012）、《混凝土坝安全监测技术规范》（SL 601—2013）、《水利水电工程安全监测设计规范》（SL 725—2016）、《大坝安全监测系统鉴定技术规范》（SL 766—2018）、《水闸安全监测技术规范》（SL 768—2018）等工程安全监测相关规范基础上，以保障工程安全、精准调度为目标，进行工程安全风险分析、安全监测系统评价鉴定，确定监测项目、监测点位布置、精度与监测频次等，更新完善监测设施，建设或提档升级工程安全监测自动化系统，提升工程安全在线监测感知能力，实现对工程全域安全隐患的早期识别与重点监测。

4.3 安全巡查

根据下坂地水利枢纽工程特点，应采用机器人巡查、无人机巡查、人工巡查、视频监控等方式对主要水工建（构）筑物、金属结构及机电设备以及其他重点管理和保护范围进行巡视检查。

4.4 通信网络

数字孪生水利工程网络按功能分为业务网、工控网等不同网络。工控网宜分为实时控制区和过程监控区（非实时控制区），业务网宜分为信息管理区和互联网服务区。

实时控制区用于部署控制工程设备运行的系统、模块，PLC、SCADA等应部署在该区域；过程监控区用于部署工控系统监测与管理系统、模块，运行监测系统、故障诊断系统、生产数据分析系统等应部署在该区域；信息管理区用于部署数字孪生平台、生产管理系统等；互联网服务区用于部署对互联网提供服务的系统。

工控网连接数字孪生水利工程工控网，需与喀什下坂地监管局监控中心进行连接，应将实时控制区与过程监控区分别连接，采用防火墙等网络安全措施进行隔离，采取加密措施进行数据传输加密，通过租用电路、自建光纤等方式连接。

工程自动化控制建设工程自动化控制系统，对工程闸门、泵站、船闸、发电机组等进行自动化控制。工程自动化控制系统具备运行监控功能，可通过数据外发、传感器检测、视觉识别、声纹监测等方式实现对被控制设备运转状态的实时监测。工程自动化控制系统采用现地控制和远程控制，根据实际进行远程自动化控制升级改造。加强工程自动化控制系统网络安全保护。

4.5 数据机房

结合数字孪生水利工程计算存储建设规模，扩充与优化机房环境。机房应配备空调、消防、门禁、环境监控等机房配套设施，配置消防室、配电室、备件室、运维监控室等机房配套区域，构建数字孪生水利工程计算存储环境。

5 智慧应用体系

5.1 水利枢纽综合监控系统

水利枢纽综合监控系统将水利枢纽的水文、枢纽安全、安防视频、设备运行等多个监测系统的数据进行统一采集、统一管理。集中接收、管理各类监测感知数据，并采取措施保障数据安全，支持对监测设施远程运维管理。系统通过数据融合、数据采集、数据清洗和数据标准化功能，实现对异构数据采集系统的数据进行统一获取、清洗、标准化和存储，同时实现对历史数据的查询、分析，并提供异构系统数据之间的关联。

5.2 水利枢纽综合调度系统

水利枢纽综合调度系统主要有三项功能：

（1）防洪调度功能。基于数字孪生平台构建，融展示流域气象及来水预报信息、流域及工程实时雨水情信息、水库蓄水信息、泥沙淤积信息、水生态水环境信息、工程运行信息、生产运行信息、工程管理信息等，实现所有信息与真实环境同步变化同步更新。

（2）生态用水调度功能。基于雨水情信息、水生态水环境信息、生产运行信息等实时监测报送和分析研判，利用水文气象耦合、概率预报、大数据、人工智能等技术，实现供水、生态、发电等超前精准预报和预测分析。

（3）调度预案预演功能。统筹防洪、防凌、灌溉、供水、生态用水、发电等调度目标，根据调度方案，调用来水预报、洪水演进分析等水利专业模型及调度规程、历史洪水等相关知识，对洪水淹没影响、工程泄流运用、水量调度等场景进行模拟预演。

5.3 水利枢纽安全预警系统

水利枢纽安全预警系统基于水利枢纽各项监测数据、历史数据，并结合水利模型，对水利枢纽的运行状态进行实时判研和分析，监测水利枢纽的安全运行状态，提供预警和应急处置。重点聚焦汛期、强降雨等特殊时期工程安全，针对工程结构特点、安全隐患与薄弱环节，构建安全性态预测、安全风险预警、安全状态预演、安全处置预案等功能，实现工程安全智能分析预警，守住工程安全底线。

5.4 水利枢纽巡查管护系统

水利枢纽巡查管护系统是利用视频安防、无人机、物联网等技术手段辅助实现对水利枢纽区域进行例行巡视巡查工作，降低人员工作强度，提高巡查工作效率，及时发现水利枢纽范围内的“四乱”（乱占、乱采、乱堆、乱建）等现象，在工程安防监控、岸线巡查等已有系统或功能的基础上，根据业务需要强化确权划界、水政巡查、次生灾害、安防监控、“四乱”整治、采砂监管、生态保护等业务功能，提高枢纽的安全可靠性。水利枢纽巡查管护系统主要功能如下：

（1）视频巡查功能。基于枢纽的视频监控系统，利用人工智能及机器视觉等技术实现对枢纽周界的“四乱”现象进行分析判断，并根据判断结果生成人工巡查任务和现场确认。

（2）无人机巡查功能。对于枢纽未覆盖视频监控系统区域和特殊天气情况下，基于无人机平台的视频、影像的人工智能及机器视觉处理，对相关区域的各类问题进行分析判研，并根据判断结果生成人工巡查任务及确认。

（3）人工巡查功能。根据水利枢纽的安全巡查要求，指定人工巡查的排班、巡查执行、现场影像记录、人工处理，以及无人机及视频的巡查任务工单下发与执行处理。

（4）巡查统计报表功能。对水利枢纽的巡查工作和记录结果进行统计分析，并生成相关巡查报告。

5.5 水利枢纽生产运营管理系统

水利枢纽生产运营管理系统在生产管理、内部管理等已有系统或功能的基础上，按照工程管理单位相关管理制度规定，突出不同业务环节间的互联互通、数据共享、业务协同，打造生产运营管理系统，促进数字化转型，支撑水利工程智慧化生产运营。主要包括生产调度、物资仓储、检修维护和问题处置功能。

6 结语

国家“十四五”规划纲要明确提出：“构建智慧水利体系，以流域为单元提升水情测报和智能调度能力”。作为大型水利工程，下坂地水利枢纽数字孪生建设尤为迫切。经过分析探讨，下坂地水利枢纽数字孪生建设依据水利部数字孪生流域建设技术大纲和《数字孪生水利工程建设技术导则（试行）》要求，结合水利枢纽现有基础和资源进行建设，同时考虑水利枢纽与监管局的异地办公和远程监管需求，进行综合规划，系统架构包括数字孪生平台建设、信息化基础设施、智慧应用体系，通过各系统模块的建设，将为新阶段下坂地水利枢纽高质量发展提供有力支撑和强力驱动，为类似工程数字孪生规划建设提供了借鉴。

参考文献

［1］ 张波，赵松鹏. 基于数字孪生的安全生产风险管控平台研究［J］. 人民珠江，2023，44（9）：104－110，116.

［2］ 马胜男，陈晓璇. 位山灌区数字灌区建设实践［J］. 山东水利，2023（8）：31－33.

［3］ 高晓龙，郝仲勇，王绍斌，等. 水生态产品价值实现：概念、框架及技术支撑［J］. 中国国土资源经济，2023（10）：213－218.

浅谈构建数字化水利工程在维修养护管理中的应用

丁湘鳕

（新疆下坂地水利枢纽工程建设管理局，新疆　喀什　844000）

摘　要：水利工程建设数字化、信息化、智能化成为实现工程优质高效安全建设的必然选择，推进水利工程智能化改造，为后期水利工程维修养护工作全生命周期实施可视化工程管护提供有利条件。

关键词：工程建设；造价控制；数字化；信息化；水利标准化；维修养护

随着水利水电工程建设逐步走向高寒、高海拔、高地震烈度区，施工效能的降低、人力的耗损增加，数字化、信息化、智能化成为实现工程优质高效安全建设的必然选择。

《“十四五”智慧水利建设规划》提出，坚持“需求牵引、应用至上、数字赋能、提升能力”总要求，推进水利工程智能化改造，充分利用BIM、GIS、电子签章、卫星遥感、视频监控、物联监测等技术，在工程建设期集成建设智慧工地监管信息，汇聚“人、机、料、法、环”数据，实现设计、招标、监理、进度、施工、质量、资金、变更、合同、验收的全方位管理，也为后期水利工程维修养护工作全生命周期实施可视化工程管护提供有力条件。

1　工程背景

下坂地水利枢纽工程地处喀什地区塔什库尔干塔吉克自治县班迪尔乡境内，距乌鲁木齐市约1815km，距喀什市315km，属Ⅱ等大（2）型工程，总库容8.67亿m^3，电站总装机150MW。下坂地工程地处帕米尔高原，自然环境恶劣，具有高海拔、高地震烈度、高边坡和深厚覆盖层的“三高一深”特点，岩石风化破碎、地质情况极其复杂。目前，下坂地水利枢纽工程信息化系统由水情自动测报系统、大坝安全监测系统、视频监控系统、闸控操作系统、气象生态环境监测系统、地震台网系统构成，投入运行以来基本实现了各项水利信息的“有人值班，无人值守”的目标。但是，下坂地水库已运行10余年，工程的信息化建设程度相对偏低，无法通过新技术的应用从多层面、全要素角度对工程的运营状况进行实时掌握，也无法从全生命周期来实施可视化工程管护。

2 水利工程维修养护阶段现状

随着我国经济水平和科技实力的不断提高，水利工程建设的规模也逐渐扩大，大量高精尖技术也融入水利工程建设当中，水利工程建设有工期长、投资大的特点，绝大多数水利工程项目需要满足实用性强、性能好、使用寿命长的要求，做好水利工程维修养护工作具有更加重要的意义。

目前，大多水利工程后期的维修养护管理模式仍采用传统水利工程的运行管理模式，即当工程出现问题后再找对应的人去解决，效率偏低，问题解决速度慢[1]；很多经验、措施依靠维修养护人员的实践和总结，有时会由于重视程度不够及众多客观因素的影响，未进行及时收集整理或者记载不够详细，后面的工作难以从先前的工作中汲取经验、借鉴防范；水利工程维修养护工作人员存在专业素质不过硬的情况，在实施具体工作中无法判别使用的工作流程、技术工艺、规范标准是否符合最新要求，使得效率不高，质量也无法得到保证。

3 结合信息化技术实现智慧水利

3.1 结合 BIM 技术的维修养护应用

在新形势下，应用 BIM 技术为建设工程项目全过程造价管理提供了较全面的解决方案[2]。在工程项目造价成本控制、方案优化、施工交付等方面都有着显著优势。

（1）当工程项目进入使用阶段后，需要定期的维护和保养，利用 BIM 技术，结合建筑的模型可以模拟正常使用状态，通过有限元仿真模型分析的形式，全面分析工程构造中可能存在薄弱位置，在后续进行工程管理中可着重加强对相关位置的检查及维护，知悉早期可能存在的风险问题，同时对项目整体做出相关质量防范，能节约后期工程成本[3]。

（2）汇集工程建设历史数据，将新建、改建、修缮等部位、机电设备等的建造改造信息、造价信息、处理措施等集成在 BIM 模型中，探究在维修养护工程前期设计及管理环节利用低成本完成相应修缮需求的方案模式。

3.2 大数据的应用

大数据技术是现代社会中涵盖所有信息平台、信息数据体系以及信息内容的技术总称，涉及信息数据收集、信息提取、信息构架、信息分析等一系列分析，能够在一定范围内实现海量信息的分析和研究，具有多种集成化的工作模式，能够满足多样化的信息数据查找需求，并且可以实现快速处理海量信息数据的目标，助力相关工作的快速开展和实施[4]。例如，本工程每年都需要进行维修养护，编制维修养护计划，结合BIM技术，根据平时巡检或者日常维护时限等，建立维修养护项目库，形成项目资金、资源管控平台。借助大数据平台直接查询相应建造改造信息、造价信息、处理措施等，为申报维修养护项目计划提供技术、造价依据和参考。

（1）协同智能综合应用系统。各处室互通互联，以处室为单元，在资源共享数据架构的基础上，信息融合共享、流程优化再造，以防洪、供水、生态、水资源等核心业务为重点，融合资金、政务等业务监管需求，结合各处室职责范围内的核心业务，建成一个集业务、服务、政务、党务、财务等各类专业应用于一体的水利综合信息管理平台，打破现有“烟囱式”系统存在数据孤岛的壁垒[5]。

1）与上级系统互联互通，为数据报表的上报统计减轻工作量。

2）项目施工情况、财务支付情况等的数据共享，减少各处室沟通成本，数据统一。

3）在流程节点归集相关决策文件、规范规则、施工资料、财务信息等，为辅助领导决策提供数据支持。

（2）工程业务数据库系统[6]。增加档案信息化系统及政务、党务、财务等业务资料库。

1）通过不同权限，在各自业务中可调取相应红头文件、会议文件、招投标文件、合同、处理措施、规程规范、施工资料等信息，供查阅、借鉴。并且可以根据施工项目、部位将以上相关文件进行归集，为后期项目申报提供参考。

2）档案信息化系统。将工程档案、文书档案、会计档案信息化。在流程处理中，各部门各阶段上传文件、图片、视频等相关资料，避免资料缺失。流程处理完毕，形成规范电子档案，并且可以打印出来，形成最终可存档的纸质档案。一方面电子档案方便后期查阅，另一方面避免档案资料归档不及时的情况。

通过构建数字化管理流程，可以实现各类监督机制的自动提醒，也可以实现各业务流程的自动化存档，可以全面推动水利工程运行管理实现信息化、流程化和精细化。

4 结语

总而言之，水利工程作为我国基础建设的关键部分，在新时代新要求下，需要改变水利工程粗放的管理模式，做好水利工程最后一公里的维修养护工作，保证工程正常运行，使水利工程不断走向标准化管理，推动新阶段我国水利高质量发展。

参考文献

[1] 张瑞涛，宋亚路，夏琼. 水利工程运行管理数字化改革实践与探索 [J]. 水电站机电技术，(2022) 08-0140-03.

[2] 刘平华. 建设单位对工程建设项目全过程造价管理的控制 [J]. 工程建设与设计，2022 (17)：272-274.

[3] 王梦. 基于 BIM 技术的建设工程全过程造价控制研究 [J]. 住宅与房地产，2023 (26)：88-90.

[4] 王靓. 水利工程运行中数字化管理技术应用探讨 [J]. 长江信息通信，2023 (3)：163-164.

[5] 刘海瑞. 水利工程建设进度管理数字化探讨 [J]. 水利规划与设计，2014 (1)：62-64.

[6] 张飞. 大数据技术在水利工程数字化建设中的应用 [R] //中国通信学会无线及移动通信委员会. 中国移动“5G＋AICDE”技术研讨会论文集，2021：330-333.

构建现代化水库运行管理矩阵，推进水利工程高质量发展

刘　艳

（新疆下坂地水利枢纽工程建设管理局，新疆　喀什　844000）

摘　要： 水利工程高质量信息化发展旨在实现水利工程管理的现代化和精准化，提高工程安全和效益。通过构建现代化水库运行管理矩阵，能够实现横向联系和纵向联系的有机结合，推动各个管理部门之间相互协调和互相支持，从而更加高效地实现工作目标。本文结合下坂地水利枢纽工程，围绕水利工程信息化发展路径展开探讨，以期为塔里木河流域的综合治理贡献力量。

关键词： 水利工程；信息化；发展；路径

水利工程作为国家和地方政府的重点项目，不仅涉及巨额资金投入，同时关系广大人民群众的切身利益。因此，水利工程的安全运行和高效管理成为国家发展进程中的重要任务。随着时代发展，信息化技术为水利工程管理提供了新的机遇和挑战。在这一背景下，如何构建现代化水库运行管理矩阵，实现全面系统精准管理，成为亟待解决的问题。

1　下坂地水利枢纽工程概述

下坂地水利枢纽工程的建设背景可追溯至 2001 年国务院批准的《塔里木河流域近期综合治理规划》，该规划旨在综合治理塔里木河流域，解决叶尔羌河流域的水资源问题，提高农业灌溉和水电能源的供应。下坂地水利枢纽工程在《塔里木河流域近期综合治理规划》中被确定为山区水利枢纽工程，被列为国家和新疆维吾尔自治区的重点工程项目，具有重要的战略地位。就地理位置而言，下坂地水利枢纽工程位于塔什库尔干河的中下游，距离塔什库尔干县城 45km，距离乌鲁木齐 1815km，该地理位置的选择考虑了水资源的分布和利用需求，以满足该地区的灌溉和能源需求。工程完建后，有效提高了当地农业生产水平，减轻水资源紧缺问题，并为新疆的工业和城市供水提供了可靠的水源。此外，通过水电能源的生产，还将为工程地区的电力供应作出重要贡献，

提高能源自给自足的程度。

2　水利工程高质量信息化发展的意义

2.1　提高水利工程的安全性

水利工程的安全性是重中之重，对于维护人民群众的生命财产安全和国家的生态安全至关重要。首先，信息化技术的应用可以强化水利工程的监测和预警系统，实现对工程的全面覆盖和实时监控[1]。通过传感器、卫星遥感和数据传输技术，管理人员可以实时监测大坝结构的稳定性、水位和流量情况，以及周边环境的变化。一旦出现异常情况，监测系统可以立即发出预警，提醒相关部门采取必要的应对措施，此种及时性反馈和干预，能够降低潜在安全风险，保障水利工程稳定运行。其次，高质量信息化发展可以实现数据的全面集成和分析，为水利工程的安全决策提供科学依据。水利工程通常面临复杂的气象、地质、水文等多因素交互作用，决策需要基于充分的数据和分析。信息化技术可以将不同来源的数据整合在一起，形成全面信息库。通过数据挖掘和分析工具，管理人员可以更好地理解潜在问题和趋势，有助于决策者制定更科学、有效的安全策略，预防潜在危机。

2.2　提高水资源管理效率

高质量信息化发展为更加高效、科学、可持续地利用水资源提供了强大支持，使得水资源管理部门能够获取更丰富、实时的数据，从而更好地了解水资源的供应和需求。在高质量信息化发展应用过程中，水利枢纽工程所在区域的气象、水文、地质等多种数据可以通过传感器和卫星遥感上传至系统，便于管理人员实时了解水库水位、流量、水质等相关信息。以上数据的全面集成，使管理者能够全面了解水资源的状况，更好地进行水资源的调度和管理。高质量信息化发展为水库管理提供了数据分析和决策支持的有力工具。通过数据挖掘、人工智能等技术，管理人员可以对大量水资源数据进行深入分析，挖掘潜在的规律和趋势，以便更好地规划用水和灌溉计划，有助于提高水资源的利用效率，减少浪费，确保供水和灌溉的稳定性。

2.3　促进水利工程可持续发展

高质量信息化发展不仅在提高水利工程的安全性和管理效率方面具有重要作用，同时能够对水利工程的可持续发展产生深远的影响。首先，信息化技术可以用于环境监测和生态保护，有助于减少对自然环境的不利影响。通过实时监测水质、水温、水生态等因素，管理人员可以及时发现环境问题，并采取措施保护水域生态系统[2]。同时，信息化技术还可以用于建立生态补偿机制，对水利工程对生态环境的影响进行补偿和修复，实现人与自然的和谐共处。其次，信息化技术有助于工程的精细化和优化，延长工程寿命，降低维护成本。

水利工程一般需要运行数十年甚至更长时间，工程的耐久性和可维护性至关重要。通过大数据分析和智能监测系统，可以实现管理人员对工程设施的精确监测，便于其及时发现结构问题和磨损，采取精确维修和保养措施，进而减少不必要的维护成本，延长工程寿命，降低环境负担。

3 水利工程高质量信息化发展策略

3.1 推进“四全”管理

在现代水利工程高质量信息化发展的背景下，推进“四全”（全覆盖、全要素、全天候、全周期）管理成为保障水利工程安全、高效运行的重要战略。这一管理理念的核心在于实现全覆盖、全要素、全天候、全周期的管理，以确保水库运行的全面系统精准。立足于下坂地水利枢纽工程，其具体发展策略分述如下：

（1）全覆盖管理。作为塔里木河流域综合治理规划的关键组成部分，下坂地水利枢纽工程承担水资源调控和防洪任务。全覆盖管理要求相关管理人员监控和管理所有与水库运行相关的关键要素。目前，下坂地水利枢纽工程的外部变形监测依赖人工测量，存在受地形条件和气候影响的问题，需要实现全覆盖、全自动化、实时性高的外部变形监测。针对这一问题，相关管理人员应部署高精度变形监测传感器网络，覆盖大坝坝体、高边坡、导流洞等各关键部位，传感器将连续监测变形情况，并实时传输数据至监控中心，消除人力测量的不便和时间限制。

（2）全要素管理。下坂地水利枢纽工程涉及大坝结构、水质、生态环境等多个要素，相关管理人员需要综合管理和分析这些要素的数据以确保综合治理效果。具体而言，管理人员应建立数据仓库，将来自不同传感器和监测点的数据整合，形成综合数据库，便于工程管理人员在同一平台上同时查看各个要素的数据，更全面地了解工程运行情况。

（3）全天候管理。水库的运行不受时间和天气条件的限制，需要随时随地进行监控和管理，在塔什库尔干河的极端气候条件下，全天候管理要求管理人员建立健全的运行监管体系，确保下坂地水利枢纽工程的运行状态可以随时获得及时反馈，并迅速响应问题，此种实时性管理方式能够快速发现和解决潜在风险，提高下坂地水利枢纽工程运行的安全性和可靠性[3]。

（4）全周期管理。水库的运行不是短期过程，而是需要长期稳定运行并持续发挥效益。全周期管理要求管理人员建立完善的维护和运营计划，保障下坂地水利枢纽工程设施的长期稳定运行。同时，还需要考虑水库设施的更新和改造，以适应不断变化的环境和需求，确保工程的可持续性。

3.2 完善“四制（治）”体系

在推进水利工程高质量信息化发展的过程中，完善“四制（治）”（体制、机制、法治、责任制）体系对于确保下坂地水利枢纽工程的安全和可持续运行至关重要。“四制（治）”体系包括完善水库管理体制、健全水库管理机制、强化水库依法管理以及落实水库大坝安全责任制，为水利工程管理提供了有力的法制和机制支持。立足于下坂地水利枢纽工程，其具体实践路径涵盖以下层面：

（1）完善水库管理体制。下坂地水利枢纽工程作为国家级重点工程项目，需要建立高效管理体制，确保各级管理部门的协调合作和信息流通畅。具体而言，管理人员应建立统一水库管理部门，将原本由不同部门管理的水库职责集中管理。管理人员可将大坝安全监测、维修养护、水库调度等职责整合至同一部门，使工作更加高效。同时管理人员应制定管理体制图，确定水库管理局的组织架构，明确各职能部门的安全监测、环境保护、维护等职责，以确保管理体制更加清晰[4]。

（2）健全水库管理机制。在下坂地水利枢纽工程中，相关管理人员需要建立起科学的管理机制，完善运行管理、维护管理和安全管理等多个方面。具体而言，管理人员应建立定期召开管理会议机制，每季度召开水库管理会议，由相关部门和专家参与，评估水库运行情况，制定长期和短期管理计划，从而确保管理活动有计划性和系统性，可以应对突发情况。

（3）强化水库依法管理。在下坂地水利枢纽工程的管理中，相关管理人员需严格遵守水库建设许可、环境影响评价、水权管理等国家和地方的法律法规，确保管理工作的合法性和规范性。同时，工程管理人员应建立水库管理的法律监督机制，设立水库管理法律顾问团队，定期对水库管理活动进行法律审查，确保水库管理合法合规，防止滥用职权和腐败现象的发生。

（4）落实水库大坝安全责任制。保障下坂地水利枢纽工程的安全是工程管理人员的首要任务，严格落实下坂地水库防汛“三个责任人”，落实各自的职责和义务。相关管理人员可以设立水库大坝安全管理委员会，该委员会由水库管理局、工程专家、政府监管部门等组成，负责制定大坝安全责任制，明确各方的职责和义务，确保大坝安全有明确的责任分工。同时，管理部门应每年组织大坝安全演练和评估，发现问题及时纠正，以确保大坝安全责任制的有效实施，降低潜在风险。

3.3 强化“四预”措施

在下坂地水利枢纽工程的高质量信息化发展过程中，强化“四预”（预报、预警、预演、预案）措施显得尤为关键，这一策略的核心在于强化预报、预警、预演和预案，以更好地应对潜在的自然灾害和突发事件，确保水利工程的安全和可持续运行。立足于下坂地水利枢纽工程，其具体实践路径涵盖以下层面：

（1）强化雨水情和工情监测预报。下坂地水利枢纽工程现有监测系统技术有限，数据传输不及时，难以实现高精度监测和及时预报。为应对这一挑战，管理人员应采取多方面措施。首先，管理人员可以引入高精度气象雷达技术，以实时监测降雨的强度和分布，配合气象站网络采集气象数据。同时，管理人员需建立水位和流量监测站网络，以实时采集水文信息。此外，管理人员需建立综合数据平台，整合多源数据，以实现多维度的数据分析和预测，提高监测和预报的准确性和时效性。

（2）加强汛情险情预警。下坂地水利枢纽工程现有机制需要更快的响应速度和更高的准确性，为此，管理人员需要将实施地面实时观测、卫星监测和数值模拟等多层级的汛情监测和评估。此外，管理人员需建立汛情信息共享平台，以实现实时信息的传递和共享，同时在平台中引入智能预警系统，以提高汛情预测的准确性和及时性。

（3）推进水库洪水仿真预演。通过模拟水库洪水的可能情况，可以在发生实际事件之前评估潜在的影响，制定相应的应急预案。对于下坂地水利枢纽工程而言，相关管理人员需要建立洪水仿真模型，模拟不同水位和流量条件下的情况，以评估可能的影响范围和应对措施，这种预演可以提前为管理决策提供有力支持，减少应急情况下的混乱和不确定性。

（4）完善调度规程和应急预案。在下坂地水利枢纽工程的运行中，需要建立清晰的调度规程，相关管理人员需明确不同水位和流量条件下的运行要求，以及相关的应急措施。同时，管理人员还需要建立完善的应急预案，细化人员疏散、设备维护和社会救援等方面的具体措施。调度规程和应急预案的建立可以在紧急情况下为管理人员提供明确指导，确保水利工程的安全和可靠运行。

3.4 加强“四管”工作

在下坂地水利枢纽工程的高质量信息化发展中，加强“四管”（除险、体检、维护、安全）工作成为确保水利工程的安全和可持续运行的重要环节，其核心在于加强除险、体检、维护和安全管理，以降低潜在风险，保障工程的可靠性和稳定性。立足于下坂地水利枢纽工程，其具体实践路径涵盖以下层面：

（1）及时实施水库除险。下坂地水利枢纽工程作为重要的水资源调控和防洪设施，必须时刻保持稳定的工程结构，以防止任何潜在的风险和安全隐患。管理人员须建立定期的巡查计划，利用遥感、传感器网络等现代化监测技术，对水库周边地质、坝体、设施进行实时监测和数据收集。具体而言，管理人员可通过卫星图像识别变化、使用地震监测技术，发现潜在危险[5]。同时，管理人员需针对可能存在的危险因素，进行风险评估和分级，细化分析地质构造、降雨情况，评估可能导致滑坡、崩塌或泥石流的风险。

（2）常态化开展水库安全体检。管理人员需要通过定期的安全体检，全面评估大坝、闸门、泄洪设备等各水库设施的状态。下坂地水利枢纽工程所处的塔里木河流域具有高温、干燥和沙尘暴等恶劣气候条件，对工程设施的健康和安全提出了更高要求。因此，相关管理人员需要制定定期的水库安全评估计划，明确结构安全、设备状态、水文气象情况等方面的评估工作。具体而言，管理人员可保障每年进行一次全面的水库结构安全评估，每季度进行一次设备状态检查。同时利用信息化系统，通过监测水位、流量、坝体位移等数据，对水库运行数据进行实时监测和分析，及时发现异常情况，确保水库安全。

（3）加强水库维修养护。下坂地水利枢纽工程的设施需要经常维护和保养，以确保其正常运行和延长使用寿命。相关管理人员应定期进行设备检修、维护和润滑，以及工程设施的清洁和修复工作。同时，管理人员需建立有效的材料和备件管理体系，确保在需要时能够迅速获取所需的材料和备件。

（4）强化水库安全保障。管理人员需要建立明确的安全责任体系，确保管理部门、工程建设方、监理单位、维护运营方等各方都充分履行安全责任。同时，通过视频监控、报警系统、防洪调度系统等，以实时监测水库安全状态。此外，相关管理人员应与周边社区和政府保持紧密联系，建立信息共享机制，以便共同应对潜在危险。

4 结束语

综上所述，现代社会对水资源的需求日益增长，水利工程的规模和复杂性也在不断提高，因此需要更加精确、高效的管理方式来确保工程的顺利运行。矩阵式管理作为全面系统精准的管理方式，为水库运行管理提供了有力支持，能够及时识别和应对潜在风险因素，守牢大坝的安全底线。通过工程人员的研究和实践，水利工程管理将迎来新的发展机遇，为我国水资源科学利用和社会经济可持续发展贡献更多力量。

参考文献

［1］ 何世力，董杰. 水利工程管理信息化建设策略探讨［J］. 水电水利，2022，6（1）：64-66.

［2］ 刘志明，刘辉. 现阶段对水利工程信息化发展的思考［J］. 水利规划与设计，2021

(10)：4.

[3] 陈利. 对水利工程建设管理信息化、智能化的几点思考 [J]. 农业科技与信息，2022 (21)：126-128.

[4] 罗勇. 水利工程建设管理信息化发展方向分析 [J]. 中国科技期刊数据库 工业 A，2022 (11)：110-112.

[5] 周宇飞. 浅谈水利工程建设管理信息化发展方向 [J]. 中文科技期刊数据库（全文版）工程技术，2021 (9)：192.

新疆下坂地水利枢纽工程水雨情监测方案分析

尚　俊

（新疆下坂地水利枢纽工程建设管理局，新疆　喀什　844000）

摘　要：本文尝试以新疆地区下坂地水利枢纽工程为例，对水雨情监测方案的落实情况进行分析，首先对水雨情监测系统的基本构成进行阐述，然后对该工程水雨情监测预警预报进行分析，最后对监测预警预报保障措施进行分析，希望能够引起重视，将水雨情监测的功能优势最大限度发挥出来。

关键词：水利枢纽工程；水雨情；监测

水雨情监测系统是现代水利枢纽工程中最必不可少的设备之一，主要用于自动监测水位以及降雨量、流量等相关水文参数，为水利调度提供重要依据与支持。一套完整的水雨情监测系统由数据采集器、传感器以及通信设备等构成[1]。数据采集器是系统的核心部分，负责接收并处理各种传感器采集的数据。传感器主要包括水位传感器、雨量传感器、流量传感器等，用于监测水位、降雨量、流量等水文参数[2]。通信设备则负责将采集的数据传输到监控中心，实现数据的实时监测和远程控制。为最大限度确保水雨情监测系统的顺利运行，就需要配套健全的水雨情监测方案。本文尝试结合新疆地区下坂地水利枢纽工程实例，对水雨情监测方案的运行情况进行系统分析与研究，希望引起重视。

1　工程概况

下坂地水利枢纽工程是塔里木河流域近期综合治理规划中唯一的山区水利枢纽工程。该工程位于塔里木河主要源流之一的叶尔羌河支流塔什库尔干河中下游，距塔什库尔干塔吉克自治县县城45km，距喀什市315km，距叶河干流控制断面卡群渠首190km。下坂地水库位于塔什库尔干河中下游，坝址以上河长217km，控制流域面积9570km^2，占塔什库尔干河全流域的95.9%。下坂地水利枢纽工程为Ⅱ等大（2）型工程，主要包括沥青混凝土心墙砂砾石坝、右岸导流泄洪兼放空洞、左岸引水发电洞和地下发电厂房等建筑物。沥青混凝土心墙坝顶高程2966.00m，坝顶宽度10.0m，坝顶长度406.0m；水库正常蓄水位2960.0m，死水位2915.0m，总库容8.67亿m^3，调节库容6.93亿m^3，死库容0.75亿m^3。根据下坂地水库建设任务，水库设计任务是：在电站尾水断面多年向塔里木河下放生态补水量1.84亿m^3，向叶河660万亩灌区下放春旱补水量2.33亿m^3，多年平均发电量4.644亿kW·h。大坝设计洪水标准为100年一遇，最大洪峰流量750m^3/s，设计洪水位2963.2m；校核洪水标准为5000年一遇，最大洪峰流量1310m^3/s，校核洪水位2964.6m。汛期6—8月，汛限水位2960m。

2 水雨情监测系统的构成

下坂地水库水雨情监测系统主要由水文测站、水雨情测报自动化系统、大坝安全监测自动化系统以及视频监控系统等硬件设施，配合喀什水文勘测局提供的预警信息，以及委托自治区气象中心提供的积雪及气象监测服务，同时结合大坝安全管理应急预案等应急保障措施综合构成。在该工程中，水雨情监测系统的运行原理与方案可以概括为：由传感器负责对水文数据进行采集，数据采集器对数据进行接收与处理，最后基于通信设备将数据传输至监控中心。在此过程中，水位传感器装置可以对水位变化进行动态测量，雨量传感器通过测量降雨的深度来获取降雨量数据，流量传感器则通过测量水流的速度来获取流量数据[3]。这些数据被采集后，通过数据采集器进行处理，最终通过通信设备传输到监控中心，实现水雨情的实时监测和远程控制。

下坂地水利枢纽工程水雨情监测系统由3个水文站、2个雨量站、1个水位雨量站组成。伊尔烈黑水文站距离坝址上游30km，为下坂地水库入库流量监测站，实时提供水库入库水量；下坂地发电厂尾水协力波斯水文站距离下游坝址10km，为下坂地水库的出库流量监测站，实时提供水库出库水量。达布达尔站主要监测项目有水位、流量和降雨；伊尔烈黑水文站主要监测项目有水位、流量、降雨、蒸发；协力波斯水文站监测项目有水位、流量；瓦恰雨量站位于塔什库尔干塔吉克自治县瓦恰乡政府，主要监测项目为降雨量；日杰克道班雨量站位于塔什库尔干塔吉克自治县塔合曼乡政府，主要监测项目为降雨量；下坂地水库大坝水位雨量站位于下坂地水库引水发电洞闸房，主要监测项目为坝前水位、降雨量。

水雨情监测系统自建成投入运行以来，由于测站地处高原山区，通信传输条件较差，存在着数据传输不稳定、数据采集偏差较大等问题。2022年7月，新疆下坂地水利枢纽工程建设管理局委托北京瀚禹信息科技有限公司对水情测报系统进行了维护升级。目前，水情测报系统恢复正常，相关数据已传输至塔里木河流域管理局综合业务平台，为水库安全度汛、科学调度提供可靠保障。

三个水文站现已委托喀什水文勘测局运行管理，根据水文站运行委托服务合同，喀什水文勘测局主要负责水文站的测站监测、运行管理、资料整理等工作，相关水量监测、洪水预警、气象雨量信息等由喀什水文勘测局及时监测并向水库预报，现各水文站运行正常，能满足工程安全度汛测报需求，水库专用水文站测流断面及水位流量关系曲线基本稳定。

3 水雨情监测预警预报

三个水文站测报系统保障数据及时传输至塔里木河流域管理局综合业务平台，同时塔河水情 App 可在手机端查看实时水雨情数据。委托喀什水文勘测局对水文站大断面进行测流并校核流量关系曲线，并根据具体来水情况进行修正，以增加对洪水的变化趋势预测。根据水文站测报设置参数，结合来水情况，具体水情监测预报方案为：

（1）达布达尔水文站位于水库大坝上游 110km 处，洪水传播历时 6h 左右，可为防洪调度提供时间。当河流来水量小于 $200m^3/s$ 时，按照 RTU 设置参数每 5min 发送一次数据。

（2）当河流来水量达到 $300m^3/s$ 时，增加人工值守测报每 3h 通过电话、微信方式报送一次，特大水情随时加报，如来水量达到预警级别，则按对应流程上报。

（3）根据库水位变化、气象变化、零度高程变化、电厂用水情况，及时推算来水情况，保证水库运行调度安全。

4 监测预警预报保障措施

（1）日常巡视检查。定期对水文站及水雨情监测系统进行巡视检查，查看雷达水位计工况和数据情况，RTU 信号传输是否稳定，蓄电池是否运行正常。查看设备辅助设施是否完好，门窗、消防设施是否可以正常使用。大坝自动化监测设备及视频监控设备巡视检查内容为图像监视及数字硬盘工作是否正常，图像现场的监控设备运行是否正常，各路图像显示是否正常、监控效果是否良好[4-5]。集线箱模块是否完好，通信是否畅通，设备接线口接触是否良好，光端机架各设备及局域网络服务器运行是否正常，监测数据是否稳定。

（2）特殊巡视检查。水雨情测报设备及大坝安全监测设备在遭遇停电、地震、雷击、战争及人为破坏时进行特殊巡视检查。检查内容为设备是否可以正常启动、数据是否正常传输、各监测仪器是否正常运行[6]、水位与坝前水尺水位是否一致。

（3）汛前、汛后实地检查。汛前对三个水文站及坝上水位雨量站进行实地查看，检查周围是否有影响设备数据正常测报的障碍物、雷达水位计落点是否在水面上、设备的接头线位是否出现松动。

（4）设备维修养护。下坂地水库各项监测预报预警设备在运行管理过程中，根据损坏率及更新程度储备了备品备件，确保损坏时能够及时维修。视频监控系统、安全监测系统、水雨情自动测报系统等均签订了维修保养合同，对相关设施设备进行检查和维修养护，及时维修和更新、更换故障损坏设备，必要时由厂家派员到现场进行实地指导和维修。具体维修养护内容包括：在汛前、汛期、汛后安排人员对设备、仪器进行系统性巡检、校核，每季度对平台进行远程巡检[7-8]。根据系统运行情况、重要时期、汛期等增加维修保养次数，保证系统稳定运行。巡检过程中填写巡检记录表格，认真记录巡检中发现的问题、隐患、故障等，排除隐患并及时上报管理单位。故障设备进行返厂维修（无法维修的，采购新设备）并安装。

5 结束语

在水利枢纽工程运行期间，水雨情监测系统的运行具备实时性、多样性以及准确性特点。整套水雨情监测系统方案借助于对高精度传感器装置以及先进数据处理技术的合理应用，能够支持对水位、降雨量、流量等关键水文参数的测定。同时，整套系统方案具备实时性特点，能够面向终端实时传输监测数据，为水利调度工作的开展提供信息支持。并配套提供历史趋势分析以及数据存储等相关功能，满足用户需求。换言之，水雨情监测方案的落实能够为水利枢纽工程的顺利运行奠定基础，值得引起业内人士的关注与重视。

参考文献

[1] 杨嘉雯，任永强，李婷，等．水雨情监测与预警系统的设计与实现［J］．华北理工大学学报（自然科学版），2021，43（3）：1-7.

[2] 陈亚军，肖海斌，徐小坤，等．基于 Spring Boot 和 Vue 框架的水库水雨情监测系统设计与实现［J］．软件，2021，42（9）：29-31，41.

[3] 盛平，徐锦志，刘晓梅．基于 NB-IoT 的海绵城市水雨情监测及自动灌溉系统［J］．软件导刊，2018，17（11）：101-104.

[4] 高琦，吴翠红，徐明，等．2021 年汉江秋汛的水雨情及环流异常特征［J］．气象，2023，49（7）：868-880.

[5] 陈程，顾庆福，陈丽甜．广州南大干线隧道水雨情监测系统方案研究［J］．城市道桥与防洪，2022（6）：156-158.

[6] 翟晓燕，刘荣华，杨益长，等．面向山洪预警的水雨情监测站网布设方法研究［J］．地球信息科学学报，2017，19（12）：1634-1642.

[7] 李玉霞，杨武年，李玉珍．基于 ArcIMS 的实时水雨情监测系统开发与应用研究［J］．测绘科学，2007，32（2）：155-156.

[8] 阮聪，胡春杰，杨洋，等．基于云平台的德宏州中小河流水雨情监测系统设计与实践［J］．电子设计工程，2020，28（15）：70-73，78.

下坂地水利枢纽工程综合档案创新管理

薛康惠

（新疆下坂地水利枢纽工程建设管理局，新疆　喀什　844000）

摘　要： 综合档案管理是水利工程建设中的重要组成部分，档案记载了生产建设活动的各种情况、成果、经验和教训，是全面反映水利工程建设全过程的真实记录和历史见证，是水利建设者的智慧结晶与劳动成果。本人通过20多年来从事水利行业综合档案管理工作，总结了下坂地水利枢纽工程档案管理实践经验，旨在为类似的水利工程档案管理工作分享经验。

关键词： 工程概述；档案工作；信息化

1　工程概述

新疆下坂地水利枢纽工程是Ⅱ等大（2）型工程，枢纽由拦河坝、导流泄洪洞、发电引水系统、电站厂房等组成。电站总装机150MW，保证出力35.9MW，年发电量4.644亿kW·h，国家批准工程初步设计概算总投资180640万元。工程主要效益是生态补水、春旱补水，同时担负喀什、克孜勒苏柯尔克孜自治州（以下简称“克州”）两地州电力系统的调峰任务，缓解喀克两地区缺电状况。新疆下坂地水利枢纽工程建设管理局（以下简称“下坂地建管局”）水库管理处和喀什塔河水利水电开发有限责任公司负责枢纽工程水库和电站的运营管理。目前下坂地建管局综合档案室存储文书档案6614件、科技档案9624卷、照片档案8041张。

2　档案工作实施背景

新疆下坂地水利枢纽工程是2001年国务院批准的《塔里木河流域近期综合治理规划》中确定的唯一山区控制性水利枢纽工程，属国家、自治区重点工程建设项目。工程位于塔里木河水系叶尔羌河支流塔什库尔干河的中下游。工程坝址距塔什库尔干县城45km、距喀什市315km、距乌鲁木齐市1815km，北纬37°49′54″，东经75°31′38″。工程水库正常蓄水位2960m，最大坝高78.0m，总库容8.67亿m^3，其中调节库容6.93亿m^3，设计洪水标准为100

年一遇（相应洪峰流量为 750m^3/s），校核洪水标准为 5000 年一遇（相应洪峰流量为 1310m^3/s）。

该工程的兴建，一是可替代下游 16 座平原水库蓄水，年均减少水库蒸发渗漏损失 4.17 亿 m^3，其中年均可提供生态水 1.84 亿 m^3，满足叶河向塔河多年平均输水在喀群断面生态用水不少于 9.17 亿 m^3 的要求；75%年份向叶河流域 660 万亩灌区春旱供水 6.2 亿 m^3，使灌区灌溉保证率由 12.67%提高到 76.6%；二是缓解喀什、克州两地州的严重缺电问题，2002 年喀什、克州两地州人均拥有电量 300kW·h，远低于全疆人均拥有电量 1200kW·h 的水平。该工程能为喀什地区、克州提供年平均发电量 4.72 亿 kW·h。

工程于 2006 年 4 月开工，2007 年 9 月 26 日截流；2009 年 12 月 22 日水库完成蓄水安全鉴定；2010 年 1 月 23 日水库通过蓄水阶段验收；2010 年 6 月首台机组通过启动验收并网发电；2012 年 2 月末台机组通过启动验收并网发电，2012 年 10 月主体工程全部完工；2020 年 6 月通过工程竣工技术预验收；2020 年 12 月正式通过下坂地水利枢纽工程竣工验收。

3 开展档案工作的主要做法

3.1 领导重视，落实责任

3.1.1 档案工作采取相应措施

采取了“三纳入”措施：综合档案管理工作纳入单位领导工作议事日程，纳入单位规章制度及工作流程，纳入单位部门和有关人员的经济责任制和岗位责任制。档案工作通过“三纳入”措施，做到相关部门和专业技术人员将档案的收集、整理、立卷、归档各环节有序衔接、水到渠成，形成齐抓共管的局面。

严格落实“四同时”：单位下达项目计划任务时同时提出项目文件的归档要求；检查项目计划进度时同时检查项目文件积累情况；验收、鉴定项目成果时同时验收、鉴定项目文件归档情况；项目总结时同时做好文件归档交接。

严格执行“四参加”：单位技术部门和档案人员共同参加产品鉴定、科研课题成果审定、项目验收、设备开箱验收等活动，负责检查应归档文件的完整性和系统性。

3.1.2 建立档案管理组织保障体系，明确档案管理职责

下坂地建管局综合档案室统一管理各门类档案，档案工作按照统一领导、分级负责的原则，形成公司单位领导挂帅-部门领导分管-档案室具体负责-各部门协作的档案管理网络体系，大家齐抓共管，密切联合，做到职责分明、层层把关、认识到位、组织到位、措施到位、管理到位。

3.2 规范档案管理，推进标准化建设

3.2.1 规范档案管理，加强制度建设

依规制档是保证档案管理工作健康发展的重要手段，下坂地建管局根据《中华人民共和国档案法》《水利工程建设项目档案管理规定》《企业档案管理规定》（国家档案局令第21号）等相关规范，制定适合单位实际情况的档案管理工作制度及各门类档案实施细则，确保文件材料的形成、收集、整理、鉴定、移交和归档工作有法可依、有章可循。

3.2.2 强化档案人员业务培训，提高档案管理水平

档案人员认真贯彻落实《中华人民共和国档案法》，研学水利、电力和档案行业相关规范，不断提高业务素质，更好胜任本职岗位。档案管理人员业务水平的高低直接影响档案的整编质量和利用价值，为达到水利工程档案规范整理、科学管理、合理利用，开展水利工程档案业务知识宣传、教育和培训工作显得尤其重要。

水利行业档案人员知识结构和知识面要很全面，不仅要熟知文书档案、科技档案、专门档案的特性和整理规则，还需掌握与水利工程相关的技术规范和规程，便于开展档案入库归档审核工作。具体采取了三种方式有效提升档案人员业务素质。

（1）送出去学。积极选派专业技术人员和档案人员参加新疆维吾尔自治区档案局、区水利厅等相关单位举办的档案业务培训班。

（2）请进来教。邀请行业档案部门专家开展现场业务咨询指导，一方面有针对性地解决档案管理人员在实际工作中遇到的疑难问题，另一方面通过专家现场指导和交流，有效提高企业档案整编质量和管理水平。

（3）组织人员去标杆单位现场观摩学习和交流探讨。取长补短，借鉴其他单位成熟的档案管理经验。

3.2.3 保障经费，配备规范的档案用具及相应的软硬件设施

经费保障是开展好档案创新工作的一个重要保障。下坂地建管局综合档案室配有面积110m^2的档案库房，科学合理布置，做到库房、阅览室和档案人员办公三分开，库房安装了监控防盗设施，配备了消防器材，能严格按档案库房“八防”（防火、防盗、防水、防光、防尘、防有害生物及温度湿度调控）要求实施，确保档案安全管理。档案库房配置21组现代化档案密级架及必要的办公设施，包括计算机2台、打印机1台、扫描仪1台、切纸机1台、碎纸机1台、温湿度计2个、加湿器2个、消磁柜2个、档案管理软件等，满足档案管理的需要。

3.2.4 制定工程档案分类大纲

为实现单位档案分类、编号、排架、检索的标准化和规范化，便于快捷查

找、方便利用。下坂地建管局依据《档号编制规则》（DA/T 13—2022）、《企业档案管理规定》（国家档案局令第 21 号）等规范，结合单位工作实际情况，在各参建单位集思广益的基础上编制了档案分类方案，确保档案类目分类准确、纵横向延伸而不交叉，在各门类档案中划分了详细的子级类目，力争做到档案分类大纲唯一性、一致性、稳定性、扩充性、简单性、适用性。

3.2.5 重点做好文件材料的收集、整理和归档工作

水利工程从项目立项到竣工，时间跨度大，形成的文件材料涉及阶段多、专业面广、内容繁杂，文件材料形成涉及单位和人员多，建设单位除了做好自身档案的收集、整编和归档，同时需监督和指导参建单位做好相关工作。为了保证档案资料收集齐全、完整，建设单位档案管理人员需拓宽档案收集渠道，加强资料收集力度。按照“以我为主”的原则，下坂地工程前期、招投标、建设管理、施工、监理、设备、竣工验收、运行管理等活动及产权变动过程中形成的具有保存价值的各种载体形式的文件均纳入归档范围。为了便于技术人员查阅档案，档案人员遵循一定的规律与原则，对收集和接收的档案进行条理化、系统化整理、分类、排列、编目。目的是便于技术人员查阅和利用，提高水库和电站运行管理水平，保障设备的运行工况，为单位增加经济效益。

3.2.6 严格审核入库档案，做好档案的移交和归档工作

（1）明确要求。在项目实施签订合同时，合同条款中明确竣工资料移交的内容、套数、竣工资料整编要求和移交归档时间。充分运用法律手段确保工程竣工档案资料完整。

（2）落实责任。落实监理工作职责，把竣工资料的收集、审核，验收工作纳入监理审核工作范围，充分发挥监理工程师的监督和审核职能。

（3）严把入库审核关。按照《水利工程建设项目档案管理规定》（水办〔2021〕200 号）、《水利工程建设项目档案验收办法》（水办〔2023〕132 号）、《企业档案管理规定》等规定，文件材料由下坂地建管局各部门和参建单位自行收集、整理，监理单位和建设单位专业技术人员和档案人员在施工单位自查合格的基础上，共同对案卷的完整性、准确性、系统性开展全面归档入库核定，把好档案资料的入库审核验收关，确保归档资料的真实、准确、齐全。

3.3 加强档案信息化建设

随着档案信息化建设发展，档案利用率的不断提高，传统手工检索已不适应工作要求，伴随现代化借阅检索需求，现代化技术应用于档案管理势在必行。下坂地建管局档案信息化建设旨在提升综合档案管理水平，坚持技术与管理并重，与水库标准化建设同步。下坂地建管局先后配备了北京海润和上海中兴光典档案管理软件，利用计算机加大信息资源的存储，实现档案数字化扫描加工，做到电子文件与档案条目全文挂接，方便借阅利用和检索，不断提高水

利工程档案管理水平，做到资源的共享，提升档案信息化服务工作。

4 综合档案管理工作发挥的效果及影响

下坂地工程本着电调服从水调、服务灌区、造福社会的遵旨，开展生态补水、春旱供水、调峰发电、防汛减灾等各项工作。其中档案发挥了重大作用，2004—2022 年收集到的 76 个典型档案借阅利用案例，不断加大档案信息资源的开发利用，加快了档案信息资源向生产力的转化，创造了可观的经济效益和社会效益，尤其是在电站机组检修、设备消缺、机组正常运转方面，电站自首台机组 2010 年 6 月并网发电以来，截至 2023 年 11 月电站三台机组累计发电量达到 68.523178 亿 kW·h，创造了丰厚的经济收入，缓解了喀什、克州两地州用电紧张的局面，为喀什地区经济发展、“一带一路”建设、地方经济发展提供了坚实的电力保障，对喀什地区经济全面发展、边疆社会经济发展和稳定具有十分重要的意义。

无人机技术在下坂地水库巡检中的应用探析

努尔艾合买提·尼亚孜

（新疆下坂地水利枢纽工程建设管理局，新疆　喀什　844000）

摘　要：无人机智能巡检技术是指利用无人机在无须人工操控的情况下，对特定区域进行自动巡查。下坂地水利枢纽工程处于高山峡谷区，河谷两岸山势陡峻，岩石基本裸露。库区巡检时间长、效率低，复杂地形繁多，经常性掉落碎石，存在一定程度的安全隐患，此外人工巡检存在盲区和死角问题。因此，利用先进的无人机技术对下坂地水利枢纽工程库区进行巡检，及时发现安全隐患，从而采取有效的治理措施，确保大坝的正常运行，保障下游人民群众生命财产安全。

关键词：下坂地水库；无人机技术；水库巡检

1　工程概况

新疆下坂地水利枢纽工程大坝坝型为沥青混凝土心墙砂砾石坝，规模为Ⅱ等大（2）型工程，主要包括沥青混凝土心墙砂砾石坝、右岸导流泄洪兼放空洞、左岸引水发电洞、地下发电厂房、左岸对外交通道路工程、右岸移民道路、移民安置等工程。大坝坝顶高程 2966.00m，最大坝高 78m，坝顶宽度 10m，坝顶长度 406m。设计洪水标准为 100 年一遇，相应洪峰流量为 $750m^3/s$，校核洪水标准为 5000 年一遇，相应洪峰流量为 $1310m^3/s$；水库正常蓄水位 2960.00m，死水位 2915.00m，总库容 8.67 亿 m^3，调节库容 6.93 亿 m^3，死库容 0.75 亿 m^3。导流泄洪洞采用导流、泄洪和水库放空一洞三用的布置形式，全长 1425.85m，洞长 1346.85m，最大泄量 $920m^3/s$，最大流速 30.9m/s。引水发电洞全长 4637m，断面为圆形，洞径 5.2m，引水隧洞设计最大流量 $89.69m^3/s$。厂房主洞室最大开挖宽度 18.4m，最大开挖高度 38.31m，长度 70m。电站总装机 150MW，保证出力 35.9MW，年发电量 4.644 亿 kW·h。

2　无人机技术的优势

无人机技术是近年来快速发展的一项新兴技术，它具有许多优势。无人机执行一些危险或者烦琐的任务，可以减少人力成本和风险，提高工作效率和数据精确度，随着技术的进步，实现自动执行飞行任务、自主飞行和智能化操作，大大扩展了其应用范围和适用性[1]。

2.1 无人机技术的智能性

随着人工智能和自动化技术的发展，现代无人机已经具备了越来越高的智能性。智能无人机可以通过各种传感器获取周围环境的信息，包括地形、气象、目标等，并能够对这些信息进行分析和理解。基于这些信息，无人机可以进行路径规划、避障、目标识别等决策，实现自主飞行、巡航和执行任务。智能无人机还能够利用机载的计算能力进行机器学习和决策推理，不断优化自身的性能和学习环境变化。

2.2 无人机技术的灵活性

无人机具有飞行灵活、飞行高度可调、无须人员操控直接执行巡航、定点悬停、轨迹飞行、自主规避天气影响、智能跟随目标等功能，能够满足对飞行路径、高度等方面的精确要求，具备在复杂环境中灵活作业的能力，可以取代人员前往危险区域进行作业，大大降低了人员伤亡的风险。

2.3 无人机技术的低成本性

现代无人机技术通过合理的设计、制造和运营方式，实现成本的最小化。采用先进的材料和制造工艺，如碳纤维、3D 打印等技术，降低了制造成本。模块化设计和自动化生产线的运用使得生产效率大幅提升，成本得到有效控制。智能化飞行控制系统和导航系统，减少了对人力资源的需求，从而降低了运营成本。使用高可靠性的部件和组件，延长了无人机的使用寿命，减少了后期维护成本。虚拟仿真、数据分析等数字化技术手段，提高了无人机的研发和运营效率，降低了成本。

2.4 无人机技术的广泛适用性

无人机利用高清晰度相机和红外热成像设备进行全面、高效的运作。可以捕捉水库堤坝、库区边坡、周边生态环境、行洪河道情况，帮助管理人员全面了解水库的实际状况，为后续工作提供科学依据。无人机技术在水库巡检中的广泛应用不仅提高了巡检效率，降低了巡检成本，还提升了巡检精度和水库安全保障能力，对于保障水库安全和可持续管理具有重要意义。

2.5 无人机技术的实时性

无人机技术的实时性指的是无人机系统在执行任务时所需要的及时响应能力和即时数据传输能力。无人机通过高效的通信系统、先进的传感技术及快速响应的控制系统，可以实时获取空中或地面的各类信息，并能将这些信息通过实时数据传输系统迅速传送至地面控制中心或操作人员手中，无人机技术的实时性不仅包括硬件设备的响应速度和传输效率，更重要的是实现了任务执行过程中信息的快速感知、传递和决策，显著提升了应用价值和效益。

3 无人机技术的应用场景

3.1 坝区巡查

无人机可以通过各类传感器和摄像头快速、高效地获取大坝表面的三维数据、温度分布、渗漏、周边环境等情况，能够连续、全面、高频次地对大坝结构进行精准监测和分析，及时发现坝体存在的安全隐患，为大坝安全提供预警信息，确保大坝的正常运行和安全性。

3.2 边坡检查

无人机在山区水库高边坡监测是一种高效、精准的监测手段，通过地形高精度三维扫描，能够有效发现和监测库区边坡变形、岩体裂缝等地形数据，这些数据可以通过建立数字地形模型（digital terrain model，DTM），分析边坡的地貌特征和变形情况，识别裂缝、滑坡迹象等问题，并实时发出预警，水库管理人员及时了解边坡变形情况，及早发现安全隐患，从而采取有效的治理措施，保障水库周边的安全稳定。

3.3 生态监测

无人机生态监测是利用无人机技术对库区、下游河道水生态系统和植物进行监测和调查的一种手段。可以实现对河道及库区等不同生态环境的高分辨率、全方位监测。生态监测中的应用可以帮助水库管理部门实时获取环境数据，快速发现生态环境变化、植物数量和分布情况等信息，为生态保护和环境管理提供科学依据。

3.4 河道巡查

无人机河道巡查是指利用无人机设备对河道水域进行全面、高效的监测和巡视，实时有效监测河道隐蔽区域、远程区域的多种水文要素，全方位地覆盖河道水域的各个角落，从而掌握河道水域的实时状态。这些数据将通过实时传输或存储到控制中心，通过数据分析软件对收集到的相关资料进行整理和分析、制作巡查报告，管理人员针对发现的问题和情况，进行必要的处置和管理，确保河道水域的安全和管理工作。无人机河道巡查通过高效的航拍技术和多种监测手段，为河道水域的监管工作提供了全新的途径和手段，具有较高的效率和实用性，有助于加强对河道水域的管理和保护。

3.5 应急救援

无人机技术在应急救援中的应用，可以说是一种革命性的变革。无人机可以进行快速的空中侦察，帮助救援人员找到受灾区域内的受困者和灾情情况，在交通不便或危险区域进行空中医疗救援，将医疗急救包、缓解疼痛的药品等快速送达灾区，并为伤员提供临时急救，不仅可以加速救援行动反应时间，降低救援人员的风险，还可以提高救援效率，最大限度地减少救援过程中的时间成本和人力成本。

4 无人机巡检技术方案

4.1 需求分析

下坂地水利枢纽工程处于高山峡谷区，两岸山峰海拔高程在3500.00～4300.00m、河谷宽度多为200～310m，河谷两岸山势陡峻，岩石基本裸露，仅基岩斜坡坡脚断续分布有崩坡积物，库区两岸冲沟发育，沟口多为洪积扇，主要由暴雨或融雪形成的泥石流堆积而成。因以上原因库区及高边坡巡检时间长、效率低，复杂地形繁多，经常性掉落碎石，存在一定程度的安全隐患，此外人工巡检存在盲区和死角问题，尤其是库区河谷右岸没有路，人力不便达到右岸高边坡部分区域现场进行巡检，安全隐患无法及时发现和处理；再加上塔什库尔干塔吉克自治县推进乡村振兴、旅游富民工程，把下坂地水库部分区域也纳入到塔什库尔干塔吉克自治县旅游统筹范围之内，是游客必经之地，因此在库区范围内游玩、钓鱼、戏水的游客越来越多，安全风险也随着增大，因地形条件的原因游客驱散、劝离以及取相关佐证材料存在困难。

4.2 技术介绍

无人机巡检技术是指利用无人机在无须人工操控的情况下，对特定区域进行自动巡查。首先无人机通过搭载各种传感器（如红外摄像头、光学相机、激光雷达等）进行数据采集和传输，形成巡检数据，然后通过无线通信技术将数据实时回传至平台，最后采用计算机视觉技术对数据进行处理和分析，智能识别出人员闯入、滑坡等异常情况，并通知值班人员及时处理。该技术是基于现代航空技术、遥感技术、计算机视觉、无线通信、人工智能等技术的综合应用，具有快速、高效、安全和灵活等优点。

4.2.1 多传感器集成时空同步关键技术

低空无人机遥感技术和系统需要将成像传感器、定位定姿等传感器集成到一个平台上工作。多传感器集成的一项关键是协调控制各个不同分辨率的传感器在统一的时间基准和空间基准下工作。时间基准涉及对多传感器的同步控制，考虑到系统各传感器按照各自的采样间隔进行数据采集，数据的输入频率各不相同，时间精度也各不相同。为了能将同一时刻各种传感器测量出来的数据联系起来，需统一时间尺度，将整个系统多个传感器采集的数据建立在同一时间坐标轴上，以实现任意数据的集成处理。空间同步则是关系到多传感器数据集成融合处理的问题，需研究开发利用高精度控制场对高清相机、高光谱相机和GPS/INS定位定姿传感器的标定技术及软件[2]。

4.2.2 一种面向水库大坝的智能巡检管理系统

在水库大坝巡检领域，对突发状况、隐患的判断依赖人工，处理流程停留在纸质阶段，处理效率不高。为推动智慧水库建设，实现智能化运管，可将无人机低空遥感系统、无人机起降系统、无人机远程智能操控系统和无人机智能停放机巢等硬件系统集成为一个整体，通过对巡检监测大数据的融合分析，利用时空数据库构建技术，基于地理信息系统开发技术、AI技术、机器视觉技术等研究开发一种面向于水库大坝等水利工程的智能巡检管理系统。

4.3 基站结构设计

无人机智能基站应具备无人机智能存储、自主起降、智能作业、自动回收、自动换电、数据回传、电池热替换等功能，可实现无人值守情况下的无人机自动化作业全流程。基站搭载的无人机套装（含专业挂载）选择大疆成熟产品，多种功能挂载及高性能成像系统，满足现场复杂应用场景。

4.4 系统功能规划

（1）温控系统：自动恒温，远程控制温控设备及获取数据。

（2）气象系统：远程获取气象系统数据，根据气象数据自动判断起飞条件。

（3）任务系统：航线任务接收、管理、下发、执行。

（4）参数查询及配置：查询、配置基站、无人机及附属设备的参数信息。

（5）无人机控制：远程控制无人机。

（6）电机系统：远程控制基站内部机械结构运动到指定位置。

（7）挂载控制：远程控制无人机挂载功能。

（8）数据管理：数据回传、管理。

（9）供电系统：远程控制整体通断电、自重启、切断部分系统电源。

4.5 系统性能参数

（1）智能基站：顶部两侧开门，主材选用304不锈钢、铝合金及复合材料，防护等级IP54，最大有效信号范围8km（无遮挡），电池4组，降落定位RTK、视觉识别，换电时间小于120s。

（2）气象系统：温度、湿度、气压、风速、风向、雨雪、光照传感器，工作环境－20～60℃。

（3）调度平台：运行环境Web端，功能模块航线规划、任务管理、飞行控制、机巢控制、参数配置等，部署环境云服务器、本地服务器。

（4）巢外监控：分辨率/帧率50Hz；25帧/s，最小照度0.01Lux，镜头4mm，日夜转换模式ICR红外滤片式，图像设置饱和度、亮度、对比度、锐度、白平衡、旋转，图像增强背光补偿，区域入侵侦测，工作温度－20～60℃，防护等级IP67。

（5）巢内监控：分辨率/帧率50Hz；25帧/s，最小照度0.01Lux，镜头2.8mm，日夜转换模式ICR红外滤片式，图像设置饱和度、亮度、对比度、锐度、白平衡、旋转，图像增强背光补偿。

(6) RTK基站：防护等级IP65，工作环境温度－20～55℃，卫星接收频点GPS (L1、L2、L5)、北斗 (B1、B2、B5)、GLONASS (F1、F2)、Galileo (E1、E5A、E5B)，定位精度单点水平1.5m (RMS)、垂直3m (RMS)，RTK水平1cm＋1ppm (RMS)、垂直2cm＋1ppm (RMS)，通信距离6km (模式5，OcuSync通信链路，无遮挡，无干扰，SRRC标准)。

5 结论

无人机水库巡检技术可解决下坂地水库日常巡查范围大、巡检路径长、环境复杂、人工原型观测困难等问题造成的人员工作强度大、效率低、检查不全面等问题，可以实现水利设施巡检少人化值守，有效降低人工成本和管理成本；无人机水库巡检技术可通过智能巡检预警告警机制，可以提前采取有效的预防、驱逐、调度和管理措施，减少库区人员闯入、水库溺水、山体滑坡等带来的直接经济损失和间接损失等；无人机水库巡检技术可实现巡检、监测等业务工作远程可视化，取代过去依赖人工的工作方式，缩短人员的工作任务耗时，减少人员户外工作时长，降低人员在户外工作时可能遇到的高原反应、落石、高处跌落等危险情况的可能，提升人员工作效率，进而降低水库运行成本。

无人机水库巡检技术可以提高水库的防护能力，建立周界入侵、人员闯入自动预警告警机制，有效减少水库入侵事件的发生，保护水库环境安全，同时也可以更好地保护人民的生命财产安全，对维护社会的稳定起到重要作用；无人机水库巡检技术可以提高水库巡检效率，对水利设施安全起到重要作用。

参考文献

[1] 马娟. 基于控制点配准算法的无人机遥感影像自动无缝拼接技术探讨 [J]. 科技资讯，2023，21 (22)：51-54.

[2] 崔雷. 无人机遥感技术在水利工程测量中的应用分析 [J]. 科技与创新，2023 (20)：179-181.

研究和分析新疆下坂地水利枢纽工程防汛调度方案

尚　俊

（新疆下坂地水利枢纽工程建设管理局，新疆　喀什　844000）

摘　要：本文以新疆地区下坂地水利枢纽工程实例为切入点，对工程防汛调度方案进行系统分析与阐述，概括了防洪调度的基本任务与原则，认为防洪调度方案的落实要确保工程安全，拦蓄洪水，削减洪峰，减免洪水灾害，并为非汛期农业用水储备水源。遇超标准洪水，应首先保障大坝安全，并尽量减轻下游的洪水灾害。在此基础之上，对调度运行的关键措施进行阐述，希望能够保障调度任务顺利落实，更好地确保水利枢纽工程的安全稳定运行。

关键词：水利枢纽工程；防汛；调度

针对水利枢纽工程的防汛调度涉及水库调度、预报性调度、补偿性调度等内容[1]。如何通过科学合理防汛调度措施的开展，确保水利枢纽工程顺利建设成为业内高度重视的一项课题[2-3]。

1　工程概况

下坂地水利枢纽工程是塔里木河流域近期综合治理规划中唯一的山区水利枢纽工程。该工程位于塔里木河主要源流之一的叶尔羌河支流塔什库尔干河中下游，距塔什库尔干塔吉克自治县县城45km，距喀什市315km，距叶河干流控制断面卡群渠首190km。下坂地电站设计洪水标准为50年一遇，最大洪峰流量670m^3/s；校核洪水标准为200年一遇，最大洪峰流量830m^3/s。下游齐热哈塔尔水电站设计洪水标准为50年一遇，最大洪峰流量472m^3/s；校核洪水标准为1000年一遇，最大洪峰流量771m^3/s。下游阿尔塔什水利枢纽工程设计洪水标准为1000年一遇，最大洪峰流量13500m^3/s；校核洪水标准为10000年一遇，最大洪峰流量18400m^3/s。

2　防洪调度

2.1　防洪调度的任务与原则

防洪调度的基本任务是：根据初步设计阶段工程设计确定的枢纽工程设计

洪水、校核洪水、防洪调度方案及各特征水库对入库洪水调蓄，确保工程安全，拦蓄洪水，削减洪峰，减免洪水灾害，并为非汛期农业用水储备水源。遇超标准洪水，应首先保障大坝安全，并尽量减轻下游的洪水灾害。

防洪调度的基本原则是：第一，主要在保证枢纽工程安全的前提下，减少下游河道防洪损失[4]。第二，按设计确定的洪水标准，以多蓄库、多供水、少弃水为目标进行洪水调度，服从新疆维吾尔自治区水利厅、塔里木河流域管理局调度。第三，下坂地水库为了枢纽建筑物安全，采用敞泄方式进行防洪调度，需要控制最大下泄流量小于本次洪水的洪峰流量，以免对下游造成人为的洪水灾害[5]。第四，重视防洪非工程措施，总结水库历年洪水调度经验，利用水雨情监测与预报预警系统，对洪水进行科学调度。

2.2 防洪调度方式

根据塔什库尔干河的洪水特性，下坂地水库 2023 年汛期时间为 6 月 15 日至 9 月 15 日，汛期汛限水位 2960m。塔什库尔干河的洪水主要是由于气温升高，冰雪消融形成的融雪型洪水，也会发生概率较小的暴雨型洪水。融雪型洪水洪峰流量年际变化不大，不同时段洪量的平均流量基本接近。暴雨型洪水一般规模和量级都较小，出现的频率也低。确定下坂地水库洪水调度方式为：

(1) 汛期正常情况下，在确保下游河道防洪安全要求时，水库水位维持汛期限制水位 2960m 以下运行。

(2) 下坂地水库洪水调度条件与调度方式关系为：首先，洪峰流量为 $Q_{水库} \leqslant 750\mathrm{m^3/s}$ 的情况下，水库水位满足 $Z_{正常蓄水位} < Z \leqslant Z_{设计洪水位}$ 时对应泄水建筑物调度运行方式为水库蓄洪，底孔泄洪洞下泄洪水；其次，洪峰流量为 $750 < Q_{水库} \leqslant 1310\mathrm{m^3/s}$ 的情况下，水库水位满足 $Z_{正常蓄水位} < Z \leqslant Z_{校核洪水位}$ 时对应泄水建筑物调度运行方式为水库蓄洪，底孔泄洪为主，坝前水位超过 2960.3m 时表孔溢洪洞参与泄洪；最后，洪峰流量为 $Q_{水库} > 1310\mathrm{m^3/s}$ 的情况下，对应泄水建筑物调度运行方式为底孔泄洪洞闸门全部开启、表孔溢洪洞联合下泄，确保大坝安全[6]。

2.3 汛期洪水调度

2023 年 3 月，塔里木河流域管理局批复了《2023 年下坂地水库调度运行计划》，为水库年度调度运行提供了重要依据。根据批复的计划，汛期洪水调度情况如下：6—9 月汛期，调整蓄水方案自平原水库蓄水调整为按月平均出库水量不小于 $25\mathrm{m^3/s}$ 的流量放水量（出库水量日均变幅不大于±10%），满足叶河卡群断面多年平均下放塔里木河的生态水量，以及灌区各节点的工农业需水量要求。6—9 月，预计入库水量 6.71 亿 $\mathrm{m^3}$，计划出库水量 1.99 亿 $\mathrm{m^3}$，水库蓄水量可达 4.72 亿 $\mathrm{m^3}$。7—8 月主汛期，根据上游来水量预测，逐渐升高库水位，水库蓄水位控制在正常蓄水位（汛限水位）2960m 以下运行。在不影响大坝安全的情况下，有效拦蓄 9 月汛末洪水，尽可能多蓄少泄。预计在 9 月末库水位达到 2959.55m 左右、库容约 7.59 亿 m^3，为冬灌及来年春灌用水储备水量，发挥水资源综合效益。

3 调度权限

塔什库尔干河的洪水主要是由于气温升高造成的冰雪消融形成的融雪型洪水，暴雨型洪水发生的概率较小。融雪型洪水洪峰流量年际变化不大，不同时段洪量的平均流量基本接近。暴雨型洪水一般规模和量级都较小，出现的频率也低。依据《下坂地水利枢纽工程初步设计报告》和《下坂地水利枢纽调度规程》，结合下坂地水利枢纽的突发事件类型和特点，确定下坂地水利枢纽洪水调度方式。

3.1 设计洪水调度权限

下坂地水库设计洪水调度权限为：当入库洪水≤750m^3/s，洪水调度部门为新疆下坂地水利枢纽工程建设管理局；当 750m^3/s＜入库洪水≤1310m^3/s，应报告新疆维吾尔自治区水利厅，洪水调度部门为新疆维吾尔自治区水利厅；当入库洪水＞1310m^3/s，洪水调度部门为新疆维吾尔自治区水利厅。

新疆下坂地水利枢纽工程建设管理局洪水调度的同时，须将汛情报塔什库尔干塔吉克自治县、阿克陶县、喀什地区、克孜勒苏柯尔克孜自治州水利局、塔里木河流域管理局和新疆维吾尔自治区水利厅，以及坝后新华喀什齐热哈塔尔水电开发有限公司、下游水利水电工程等单位。

当下坂地水利枢纽遭遇重大工程险情，需要紧急泄洪时，泄洪方案按照洪水调度权限报批和执行。发生水库遭遇大于 1310m^3/s 的超标准洪水时，运用方式为底孔泄洪洞与侧槽溢洪洞联合下泄，确保大坝安全；如果水库大坝段发生局部溃坝，而泄洪洞完好，水库则按最大泄量向下游进行泄流[7]。

下坂地水利枢纽工程建设管理局在应急洪水调度的同时，须将汛情报喀什地区防办和塔什库尔干塔吉克自治县防办、克孜勒苏柯尔克孜自治州防办和阿克陶县防办、喀什管理局、塔里木河流域管理局防办和新疆维吾尔自治区防办，以及新华喀什齐热哈塔尔水电开发有限公司、新疆阿尔塔什水利枢纽工程建设管理局等单位。

在实际调度运行过程中，当发生防洪、生态、灌溉、发电等方面出现重大突发事件，而下坂地水利枢纽有能力通过调度措施来缓解问题时，调度中心可实施相关调度。如调度措施有可能对其他方面有重大影响时，应及时向相关部门通报。

3.2 超标准洪水调度

当水库水位超过水库校核洪水位或是地震等不可抗拒自然灾害危及水库大坝安全时，下坂地水利枢纽工程建设管理局应立即上报新疆维吾尔自治区水利厅和塔里木河流域管理局，由新疆维吾尔自治区水利厅上报自治区人民政府启动大坝安全管理应急预案。

（1）超标准洪水：超过防洪系统或防洪工程设计标准的洪水。

（2）允许最高水位：当遇到超过防洪运用标准的洪水时，库内最高水位不能高于坝顶高程。

（3）判别条件：入库洪峰流量大于 1310m^3/s。

（4）运用方式：底孔泄洪洞闸门开启敞泄、表孔溢洪洞联合下泄，保障大坝安全。

（5）调度权限：新疆维吾尔自治区水利厅。

（6）根据流域洪水特点，制定超过校核洪水的应急调度方案，并报上级主管部门审批。

（7）遇超标准洪水时，本工程泄洪建筑物布置特点为“两个进水口共用一个洞身”。底洞进口为压力孔口、有闸控制[8]；侧槽表孔为溢流表孔，无闸控制，具有一定的超泄能力，能在一定程度上提高水库抵御超标准洪水的能力。

4 结束语

随着经济发展水平的持续提升和社会进步，我国城市化建设步伐持续加快，水利枢纽工程建设任务不断兴起。当前水利工程中，涉及多个环节的工作，防汛调度是其中非常重要的一项内容。本文以新疆下坂地水利枢纽工程实例为切入点，对工程防汛调度方案进行系统分析与阐述，希望能够通过对调度运行的关键措施的阐述，保障调度任务顺利落实，更好地确保水利枢纽工程的安全稳定运行。

参考文献

[1] 李美玉. 无人机在供水巡查及防汛指挥调度中的应用 [J]. 中国防汛抗旱，2022，32（Z1）：196-198.

[2] 王英石. 临沂市库河联合调度系统在防汛减灾中的应用 [J]. 山东水利，2022（8）：27-28.

[3] 陈友荣，卢俊杰，赵克华，等. 面向防汛物资动态变化的运输车辆调度优化算法研究 [J]. 计算机应用研究，2021，38（8）：2435-2439.

[4] 王都海. 大庆地区防洪工程防汛调度智能化管理分析及构想 [J]. 黑龙江水利科技，2022，50（8）：120-123.

[5] 肖庆元．资水流域柘溪以下梯级水电站防汛联合调度方案研究［J］．湖南水利水电，2023（2）：60－63.
[6] 陆齐，钱凌欧．枞阳闸精细化调度对2020年菜子湖防汛减灾的效果分析［J］．江淮水利科技，2021（1）：42－43.
[7] 杨莉．中小型涵闸防汛调度与运行管理探究［J］．湖北农机化，2021（9）：39－40.
[8] 李禄．辽宁省防汛指挥调度系统技术研究与实现［J］．水利规划与设计，2020（3）：1－6.

BIM自动化技术在下坂地水利枢纽工程运行管理上的应用分析

丁湘鳕

（新疆下坂地水利枢纽工程建设管理局，新疆　喀什　844000）

摘　要： 近年来，物联网、大数据、人工智能、移动互联网、云计算等信息技术快速发展成熟，正深刻改变现有生产方式和生活方式，成为经济社会发展转型的关键手段。在现代化水利枢纽的运行管理上，利用现代化监测技术，结合数字孪生水利建设，强化数字赋能，可全面提升水库运行管理信息化、现代化水平。本文就BIM自动化技术在水利工程建设上的应用进行了分析，以供参考。

关键词： BIM；自动化；物联网；建模；云计算

下坂地水利枢纽工程地处新疆维吾尔自治区塔什库尔干塔吉克自治县班迪尔乡境内，距乌鲁木齐市约1815km，距喀什市315km，属Ⅱ等大（2）型工程，总库容8.67亿m^3，电站总装机150MW。下坂地水利枢纽于2003年7月开始“四通一平”建设；2010年1月工程初期下闸蓄水；2020年12月通过竣工验收。

因下坂地工程地处帕米尔高原，自然环境恶劣，具有高海拔、高地震烈度、高边坡和深厚覆盖层的“三高一深”特点，岩石风化破碎、地质情况极其复杂，建设期间对工程质量要求和施工技术极高。目前，下坂地水库已运行十余年，根据新时代水利工作新要求，充分利用信息化手段，规范管理行为，提高管理能力，实现水库由粗放式管理向精细化管理转变，由传统人工管理为主向标准化、信息化管理为主转变显得尤为重要。

1　BIM技术模型可视化管理的作用分析

目前，下坂地水库还未建设可视化模型，各种信息采集均处于比较独立分散状态。如开展BIM技术模型可视化管理，下坂地水库将实现调度更智能、水利管理更高效、综合决策更科学、人水关系更和谐等现代水利管理目标。

首先，需要通过物联网技术把各类物品与互联网相连接，实现智能化识别、定位、监控和管理，可支撑下坂地智慧水库天空地一体化监测体系建设。其次，通过云计算技术提供了安全可靠的计算资源和数据资源，实现不同设备间的硬件、软件、数据资源共享（数字证书和电子签名技术进一步发展，为统一身份管理和安全认证提供了有效保证）。再次，BIM 技术模型可实现水利工程可视化管理运行调度和管理流程的重组优化，基于大数据技术支撑的各种大坝模型使智慧水利各种数据实现充分融合、态势决策更加科学高效。最后，用数字孪生技术，对水库的水文变化、大坝形变等进行实时展示、模拟仿真、预测推演，助力管理决策[1]。

2 BIM 技术模型在下坂地水库全生命期上的运用分析

（1）按照“打造新时代生态智慧水利工程”的建设总目标，对下坂地水库维修养护项目进行总体规划[2]，项目利用轻量化 BIM 技术实现水利工程维修养护项目全生命期内的数据整合与利用[3]，收集并整合以往维修养护项目数据和信息资源，将分散的项目数据整合后向共享利用转变，从满足日常查询向提升综合决策支撑能力转变。该项目实施，可全面提升下坂地水库维修养护项目的精准化、精细化管理水平，为全面实现维修养项目信息化奠定了扎实基础。

（2）建立下坂地大坝安全监测及安全诊断分析模型，实时分析在线监测、现场检查等数据，定量诊断工程安全状况，及时预测预警、洞察建筑物及机电设备安全问题。

（3）通过入库洪水预测预报模型，及时预测洪水产汇流情况，为防洪调度决策提供数据依据。

（4）通过关键节点及库区无人机等搭载摄像头，依托视频 AI 识别技术，实现库区安全智能识别全覆盖，将传统库区安防的“人防”转变为“技防”，为水库的全域管理保驾护航。

（5）通过将 BIM 技术与水库运行管理信息深度融合，打造下坂地智慧化运管“一张图”，实现工程安全、设备状态、实时告警、闸门工况、实时水情等信息全面掌控和及时预警。

（6）通过无人机智能巡检工程建设，结合“四预”（预报、预警、预演、预案）平台，对库区“四乱”（乱占、乱采、乱堆、乱建）监管、水政执法、防汛巡检等业务进行视频、影像、红外数据采集，对动态影像进行变化分析，为库区管理、现场执法、防汛应急提供数据支撑，实现了库区巡检自动化、数据传输实时化、数据处理智能化，极大提升了水库的管理能力。

3 BIM 技术模型在下坂地水库可视化管理上的分析

目前下坂地水库并未构建可供信息化应用的三维模型[4]，无法通过库区内外部的可视化呈现对库区进行直观的了解。

如建立高精度BIM模型，利用无人机对库区范围建筑物及地形地貌进行拍摄，运用专业软件处理航拍数据，建立三维倾斜摄影实景模型，采用轻量化及融合技术实现BIM模型与实景结合运用，真实还原库区、建筑物的内外部场景，搭建水库全三维数字仿真模型，接入感知要素、模型计算及运维管理等信息，将交互信息与BIM模型结合展示，建立基于水库工程BIM模型的工程漫游、设备运行监控、日常巡查、监测信息、水文预报、预警信息、调度工况等三维展示系统。通过为水库建设一个创建、管理、分析和绘制所有类型数据的地理信息系统，将数据连接到BIM模型，将位置数据（事物所在位置、闸门位置、引水道位置、监测点位等）与所有类型的描述性信息（事物在该位置的情况，如闸门控制、监测变化）集成到一起，可为水库发生的水文、人员、设备等不同类型业务事件的研判、分析提供数据基础，帮助了解事件发生的前因后果、事件之间的关联关系和地理环境，进而改善沟通、提高效率以及更好地管理和决策。

4 结语

下坂地水库作为重要的洪水调节及水资源枢纽，为社会经济发展提供重要基础保障，随着塔什库尔干塔吉克自治县推进乡村振兴、旅游富民工程，对水库需求及调蓄功能也提出了更大的要求和挑战，下坂地水库将按照新时代提出的新要求，加快推进水利工程信息化、标准化管理，有效改变水利工程粗放的管理模式，提升水库安全运行管理水平。

参考文献

[1] 肖良丽，方婉蓉，吴子昊，等. 浅析BIM技术在建筑工程设计中的应用优势［J］. 工程建设与设计，2013 (1)：74-77.

[2] 黄霄，李志红. BIM技术在水利工程规划设计中的应用［J］. 中国资源综合利用，2021，39 (2)：23-24.

[3] 吕贺. BIM技术在水利工程设计中的应用［J］. 陕西水利，2021 (7)：40-42.

[4] 李海圣. 基于BIM技术的水利工程三维设计路径［J］. 珠江水运，2021 (23)：37-38.

基于多智能体系统的水库调度协同优化研究

王江彦

（新疆下坂地水利枢纽工程建设管理局，新疆　喀什　844000）

摘　要： 本文旨在探讨基于多智能体系统（MAS）的水库调度协同优化方法，以提高水利工程的运行效率和生态环境保护效果。通过深入分析多智能体系统的基本原理，构建了适用于复杂水库调度问题的多智能体模型，并讨论了在水库调度中应用智能算法与协同优化技术的实践意义。本文展示了多智能体系统在提升水库调度效率、综合效益以及环境生态效果方面的显著优势，并通过案例分析验证了这一系统的可行性和有效性。此外，还确立了智能算法与协同优化技术选择的评估准则，为水资源管理领域提供了科学决策支持。

关键词： 多智能体系统；水库调度；协同优化；智能算法；环境生态

随着计算机科学的飞速发展和智能技术的广泛应用，多智能体系统（multi－agent system，MAS）已成为解决复杂系统优化问题的一个新兴范畴。特别是在水库调度领域，传统的集中式控制面临诸多挑战，如信息处理效率低、适应性不足以及难以处理大规模系统的问题。多智能体系统通过构建分布式的智能体网络，为水资源管理提供了全新的解决思路。本文将详细探讨多智能体系统在水库调度中的原理、建模方法和优势，并对其在提高调度效率、增强系统灵活性以及改善环境生态等方面的作用进行评析。面对气候变化和人口增长带来的水资源管理压力，寻求高效的水库调度策略成为亟待解决的问题。在此背景下，利用多智能体系统进行协同优化，能够有效整合分散的水库资源，实现区域水资源的最优配置。本文旨在通过构建基于多智能体的水库调度模型，促进水库群之间的信息共享与协同操作，以达到减少水损耗、保障供水安全和提升生态效益的目标。

1　多智能体系统在水库调度中的应用

1.1　多智能体系统的基本原理

多智能体系统是由一组相互作用的智能体组成的系统，每个智能体都具备自主性、社会性、反应性和主动性等特征。这些智能体可以是实际的物理实体或是抽象的软件实体，它们通过某种通信机制协作完成任务。在水库调度中，多智能体系统的核心在于使得各个水库或调度单元作为一个独立的智能体参与到整体的水资源管理中，智能体之间通过交流水情数据、调度策略和执行结果来实现信息的即时共享和决策的动态调整。多智能体系统在水库调度中的运作是基于局部决策和全局优化的原则。每个智能体根据自己获取的信息，独立作出最优的调度决策，而后通过协议和谈判机制与其他智能体协调行动，从而在不断地迭代中收敛至全局最优或近似最优解[1]。该系统不仅提高了决策的响应速度，而且通过分散式控制降低了系统的脆弱性和复杂性。

1.2 水库调度问题的多智能体建模方法

水库调度问题的多智能体建模方法关键在于如何设计智能体并定义它们的交互协议。每个智能体需要能够表征其控制的水库或者调度单元的操作特性，包括水位、流量、泥沙、水质等数据，并能依据这些信息做出泄洪、蓄水或通知上下游智能体的决策。在多智能体建模过程中，首要任务是确定每个智能体的目标函数和约束条件。这些目标函数可能包括最大化电力产出、确保供水安全、维护河流生态平衡等，而约束条件则涉及水库运行的物理限制和政策法规要求。建模还需考虑智能体之间的通信和协作机制，如何设定智能体之间的信息传递路径和方式，以及如何构建决策支持算法来优化整个系统的调度策略[2]。在实际操作中，智能体需要及时收集和分析来自水文站的实时数据，同时也要考虑历史水文记录和未来天气预报等不确定因素。此外，智能体间的谈判策略也是模型构建中不可忽视的一环，它直接影响到水库群协同调度的效果。

1.3 多智能体系统在水库调度中的优势

多智能体系统在水库调度中的显著优势在于其高度的自适应性和灵活性。由于每个智能体都具备处理局部信息和自主决策的能力，系统能够迅速响应环境变化和突发事件，如洪水和干旱。智能体间的协作与竞争机制确保了在有限的资源和多样的目标之间找到合理的平衡点。例如，在多个水库联合防洪时，智能体系统可以根据各个水库当前的水位和预期的降雨量，自动调整各库的泄洪量，从而在不牺牲下游安全的前提下最大化整体利益。此外，多智能体系统还提供了一个模块化和可扩展的框架，便于整合新的智能体和策略。这一点在跨流域水资源调度和管理中尤为重要，当新增加水库或调整调度策略时，无须对整个系统进行大规模重构。亦即，多智能体系统为水库调度提供了一种自下而上的解决方案，能够有效适应日益增长的水资源管理复杂性，为实现水资源的高效管理和可持续利用奠定了坚实的基础。

2 智能算法与协同优化技术

2.1 常用的智能算法及其优缺点

水库调度问题的复杂性要求使用高效的智能算法来寻找优化解决方案。遗传算法、粒子群优化和模拟退火等是常用的智能算法，它们通过模仿自然界现象或物理过程对解空间进行搜索。遗传算法利用自然选择的原则，通过交叉、变异和选择操作生成新的解，有效地在全局搜索和局部搜索之间折中。然而，这种算法在处理高维连续问题时可能会陷入局部最优。粒子群优化算法模拟鸟群的社会行为，通过粒子间的信息共享快速收敛到优秀的区域，该算法简单且易于实现，但也有可能过早收敛。模拟退火算法源自固体退火过程，通过接受劣质解的机制避免陷入局部最优，适合求解具有多个局部极值的优化问题，但算法的冷却进程较难设置且计算成本较高。智能算法在水库调度问题中的应用受益于其不需要问题的具体数学表达式，能够处理非线性、非凸和多峰值问题。智能算法的并行搜索机制和全局探索能力使得它们在找到可行的调度策略方面十分有效。但是，这些算法通常需要大量迭代才能得到满意的结果，并且在算法参数设置不当时容易陷入局部最优或者收敛速度慢。

2.2 协同优化技术在水库调度中的应用

协同优化技术在水库调度中的应用重点在于促进多个智能体之间的信息交流和策略配合，以期达到整体系统的优化。这一技术通常结合多智能体系统的框架，在保持每个智能体独立性的同时，通过设计高效的协同机制来指导各个智能体相互合作，实现资源共享与任务协调。在水库群调度问题中，协同优化技术可以帮助多个水库达到联防联控，合理安排蓄泄水策略，从而提高整体的水资源管理效率。例如，通过预测洪水发展趋势，上游水库可以提前泄洪，而下游水库则根据上游来水情况及时调整蓄水策略。协同优化技术的关键在于设计高效的沟通协议和决策规则，确保智能体在信息不完全共享的环境下也能做出最符合系统整体利益的决策。为此，可以引入多目标优化方法，让每个智能体不仅考虑自身的目标，还要兼顾其他智能体甚至整个系统的目标。在此基础上，运用博弈论、契约理论等经济学原理，可以进一步细化协同优化技术，使得水库调度更加高效与智能化。

2.3 智能算法与协同优化技术的选择与评估准则

选择合适的智能算法和协同优化技术对于解决水库调度问题至关重要。评估准则主要取决于问题本身的特性、所需求解的速度和精度要求以及计算资源的限制。首先，应彻底分析水库系统的动态特点和运行机制，确定包括供水、防洪、发电等在内的多重目标和约束条件。然后，根据问题规模的大小和求解精度的要求，选择具有高效全局搜索能力且能够处理多目标优化的算法。例如，若问题具有多个变量和复杂的约束条件，可采用能够处理复杂约束的智能算法，如遗传算法或粒子群优化。智能算法的性能评估通常包括时间复杂度、空间复杂度和收敛速度等因素[3]，有效性、稳定性和适应性也是评估算法是否适用的关键指标，算法和技术的选择还应基于实际工程的可操作性和可维护性。在实际应用中，需要构建一套完善的测试环境，通过模拟不同的调度场景和应对策略，反复验证所选算法和技术的稳定性和鲁棒性。此外，为了实现水库调度的持续优化，必须考虑算法更新的便捷性，以适应水利系统和环境条件的变化。

3 多智能体系统在水库调度中的效果与影响

3.1 提高水库调度效率和灵活性

多智能体系统通过分布式决策机制显著提升了水库调度的效率和灵活性。该系统允许各个智能体就其控制的水库独立做出决策，同时在必要时与其他智能体协同作战，以达成整体优化调度的目标。这种方式减少了中心化决策的延时，并且允许系统在面对局部数据不确定性时仍能够做出快速反应。例如，在极端天气事件中，相关的智能体无须等待指示，可以立即调整各自的操作策略，以适应迅速变化的水文情况。多智能体系统的灵活性还体现在其对新信息的快速整合能力。随着环境条件的实时变化，智能体可以立刻更新其状态和决策，确保调度策略始终跟随最新的系统状态。此外，系统的模块化设计使得在增加新水库或者改变调度策略时不必重新设计整个系统，只需在现有框架中添加或修改相应的智能体即可。这样的设计不仅降低了维护成本，而且使得系统能够灵活适应未来可能出现的各种变化。

3.2 优化水利工程的综合效益

引入多智能体系统到水库调度活动中，显著提升了水利工程的综合效益。通过智能算法驱动的自主智能体可以进行快速的数据处理和决策制定，从而使得水库群能够更加精确地预报洪水、规划水电站发电计划以及调节农业灌溉需求。这种精细化管理不仅提高了水资源的利用效率，还降低了因操作失误或信息传递滞后造成的资源浪费。例如，通过优化各水库之间的泄水和蓄水时间，可以最大限度地避免水量过剩或不足的情况，使得供水、发电和防洪等功能达到最佳的平衡状态。同时，多智能体系统通过提供动态协调机制，促进了水库间的互助共享，扩展了水利设施的作用范围和效益。在干旱或者汛期，不同区域的水库可以通过智能体系统进行沟通协商，按照总体优化指导原则进行自主调配水资源，有效缓解水资源短缺或过量的地域性问题。此种方法不但增强了水库系统的韧性和应对突发事件的能力，也为水资源管理带来了前所未有的经济效益和社会效益，极大地提升了水利工程的投资回报率。

3.3 改善环境生态效果

多智能体系统在水库调度中的应用对于改善环境生态方面的影响同样显著。水库调度策略直接关系到河流生态系统的健康程度，而多智能体系统可以根据生态需水进行精确调度，保障河流生态连续性，维护生物多样性。例如，通过智能体间协同操作，可以有效实现生态放水，满足下游河段的生态需水量，为河流生态修复和物种保护提供了条件。同时，通过优化防洪调度策略，可以减轻对湿地和河岸线的负面影响，为候鸟提供良好的栖息地和迁徙通道。除此，智能体系统在调整水库运行参数时考虑到周边环境因素，如季节变化、气候条件等，确保水库操作与环境保护相得益彰。水质保护也是一个重要方面，通过智能监测和数据分析，智能体能够及时调整水量和水质，避免由于水库排放导致的水体富营养化等环境问题。因此，结合多智能体系统的水库调度不仅优化了水资源的配置，也极大地促进了水域生态环境的改善。

4 结论

综上所述，多智能体系统为水库调度带来了革命性的进步，特别是在提高调度效率、增进水利工程的综合效益以及改善环境生态三个方面表现出显著的优势。智能算法与协同优化技术的运用使得各个水库之间的调度更为精准和高效，而且具有更强的适应性和鲁棒性。实证研究表明，多智能体系统在水库调度中的应用能够确保各项水资源管理目标得以兼顾，实现人类社会、经济发展与生态环境保护的和谐统一。未来的研究可以进一步探索多智能体系统在更广泛的水资源管理领域中的应用潜力，并不断完善系统设计，提升智能算法的性能，推动水利工程管理向更加智能化、高效化方向发展。

参考文献

[1] 吴谢平. 基于智能水库调度多智能体协作遗传算法的研究与应用［J］. 幸福生活指南，2020（22）：1.

[2] 盛喆. 基于多智能体的泵站多机组优化调度系统研究［J］. 水资源开发与管理，2019（10）：61-67.

[3] 陶猛. 龙凤山水库优化调度的群体智能算法研究［D］. 哈尔滨：东北农业大学，2016.

新疆下坂地水利枢纽工程防汛工作方案及措施分析

窦爱青

（新疆下坂地水利枢纽工程建设管理局，新疆　喀什　844000）

摘　要： 防汛工作关系到基础民生问题，我国防汛工作的开展情况会直接对饮水安全、人民群众生命财产安全以及粮食安全产生重要影响。因此，水利枢纽工程建设期间必须落实防汛措施与方案，正确处理环境、经济与社会之间的协同关系，做到防患于未然，通过积极防汛的方式确保水利工作的有序开展。相关人员需要深入分析水利工作中存在的问题，并对问题提出解决方案，以优化水利防汛工作的开展，确保水利工程的建设能够更好地保障大众人身财产安全。以下即尝试结合下坂地水利枢纽工程建设实例，对防汛工作方案以及关键措施进行分析，希望能够确保防汛措施实施效果，使水利枢纽工程建设功能得到充分发挥。

关键词： 防汛；方案；措施；水利枢纽工程

水利工程是国家经济的一项基本产业，水利工程的建设就是要根据水资源分布的特点[1]，使我国水资源的储备量能够在不同的时间段处在一个合理的区间[2-3]。水利工程重点的任务首先是要保障农业灌溉用水，其次要促进动能转化，最后要促进农业发展。水利工程最主要的功能是防汛抗旱，在水利工程建设积极发展的同时，其防汛功能优势进一步突出，尤其在利用科技智能方面取得了突破，并在重要节点安装了遥测和预警系统[4]，为进一步减少旱涝灾害作出了突出贡献，保障了农业的安全，使人民的经济安全得到了更为稳妥的保障。

1　工程概况

下坂地水利枢纽工程是塔里木河流域近期综合治理规划中唯一的山区水利枢纽工程。该工程位于塔里木河主要源流之一的叶尔羌河支流塔什库尔干河中下游，距塔什库尔干塔吉克自治县（以下简称“塔什库尔干县”）县城45km，距喀什市315km，距叶河干流控制断面卡群渠首190km。下坂地水库位于塔什库尔干河中下游，坝址以上河长 217km，控制流域面积 9570km^2，占塔什库尔干河全流域的 95.9%。下坂地水利枢纽工程为Ⅱ等大（2）型工程，主要包括沥青混凝土心墙砂砾石坝、右岸导流泄洪兼放空洞、左岸引水发电洞和地下发电厂房等建筑物。沥青混凝土心墙坝顶高程 2966.00m，坝顶宽度 10.0m，坝顶长度 406.0m；水库正常蓄水位 2960.0m，死水位 2915.0m，总库容 8.67 亿 m^3，调节库容 6.93 亿 m^3，死库容 0.75 亿 m^3。根据下坂地水库建设任务，水库设计任务是：在电站尾水断面多年向塔里木河下放生态补水量 1.84 亿 m^3，向叶河 660 万亩灌区下放春旱补水量 2.33 亿 m^3，多年平均发电量 4.644 亿 kW・h。大坝设计洪水标准为 100 年一遇，最大洪峰流量 750m^3/s，设计洪水位 2963.2m；校核洪水标准为 5000 年一遇，最大洪峰流量 1310m^3/s，校核洪水位 2964.6m。汛期 6—8 月，汛限水位 2960m。

2 防汛工作方案

2.1 汛前工作开展

（1）防汛组织机构建立。根据人员变动，向上级主管部门核报了下坂地水库安全度汛责任人，最终确定 2022 年度下坂地水库安全度汛责任人。同时，根据下坂地水库防汛工作实际，及时调整以单位负责人为组长、副职局领导为副组长、局属各单位（处室）负责人为成员的防汛工作领导小组，防汛工作领导小组办公室设在下坂地水库管理处，负责贯彻落实自治区、塔里木河流域管理局、喀什地区、塔什库尔干县各级防办下达的防汛调度指令。

（2）防汛物资储备。严格执行《防汛物资储备定额编制规程》要求，按照“宁可十防九空，不可失防万一”的要求，提前补充防汛物资、续签机械租赁协议，积极做好应对防大汛、抗大旱的各项准备工作，保证紧急情况时能拿得出、用得上，满足工程应急抢险的需求。

（3）水库进入汛期前，计划将水位降至 2928m、相应蓄水量 2.22 亿 m^3，与正常蓄水位 2960m、相应蓄水量 7.68 亿 m^3 相比，水位相差 32m，可拦蓄洪水 5.46 亿 m^3，确保水库安全度汛。

（4）按照汛期值班相关工作要求，水库现场 24 名干部职工值守巡查，每天安排 1 名带班领导 2 名值班干部加强巡查监督。大坝现场 6 名值守人员每天 3 次按照《下坂地水库坝区巡查制度》对水库重点部位及重要设施运行情况进行全面排查。

（5）按照“三个方案”和《水库大坝安全管理应急预案》的要求，加强开展应急演练，提高干部职工应对突发事件的能力[5]。

（6）以年度为单位对下坂地水利枢纽工程视频监控系统、安全监测系统、水雨情监测系统进行两次维护保养工作，确保水库自动测报、大坝安全监测系统正常运行，为工程安全度汛、科学调度提供了可靠依据[6]。

2.2 汛期工作要求

（1）主汛期应根据洪水的大小和类型，以及上下游对防洪的要求，掌握洪水的一般规律，加强洪水预极、随时分析研究，提出具体调度计划的实施方案，机动掌握、灵活运用。

（2）汛期做好水文、气象预报资料收集和水库洪水预报、调度工作。根据实时水情或降雨实况所做的洪水预报及洪水调度方案，要估计到可能有的误差，留有余地[7]。

（3）当遭遇特大暴雨洪水或工程发生重大险情，危及大坝安全，同时通信中断，无法与上级取得联系时，启动《水库大坝安全管理应急预案》，采取果断措施，通过各种途径，迅速通知下游地方政府，组织群众安全转移，同时采取已批准的非常措施，确保大坝安全后应立即报告上级主管部门。

2.3 汛期结束工作

（1）整理汛期水情数据，编制汛期洪水分析图表并存档。

（2）加强对枢纽工程安全生产、应急处突等方面开展安全专项隐患排查。

（3）及时编制《度汛工作总结》，对本年度防汛工作进行全面分析总结。

3 防汛调度措施

塔什库尔干河的洪水主要是由于气温升高造成的冰雪消融形成的融雪型洪水，暴雨型洪水发生的概率较小。融雪型洪水洪峰流量年际变化不大，不同时段洪量的平均流量基本接近。依据《下坂地水利枢纽工程初步设计报告》和《下坂地水利枢纽调度规程》，结合下坂地水利枢纽的突发事件类型和特点，确定下坂地水利枢纽洪水调度方式。

3.1 设计洪水调度权限

下坂地水库设计洪水调度权限：当入库洪水≤750m^3/s，洪水调度部门为新疆下坂地水利枢纽工程建设管理局；当750m^3/s＜入库洪水≤1310m^3/s，应报告新疆维吾尔自治区水利厅，洪水调度部门为塔里木河流域管理局；当入库洪水＞1310m^3/s，洪水调度部门为新疆维吾尔自治区水利厅。

新疆下坂地水利枢纽工程建设管理局洪水调度的同时，须将汛情报塔什库尔干县、阿克陶县、喀什地区、克孜勒苏柯尔克孜自治州（以下简称“克州”）水利局、塔里木河流域管理局和新疆维吾尔自治区水利厅，以及坝后新华喀什齐热哈塔尔水电开发有限公司、下游水利水电工程等单位。当下坂地水利枢纽遭遇重大工程险情，需要紧急泄洪时，泄洪方案按照洪水调度权限报批和执行。发生水库遭遇大于1310m^3/s的超标准洪水时，运用方式为底孔泄洪洞与侧槽溢洪洞联合下泄，确保大坝安全；如果水库大坝段发生局部溃坝，而泄洪洞完好，水库则按最大泄量向下游进行泄流。新疆下坂地水利枢纽工程建设管理局在应急洪水调度的同时，须将汛情报喀什地区防办和塔什库尔干县防办、克州防办和阿克陶县防办、喀什管理局、塔里木河流域管理局防办和新疆维吾尔自治区防办，以及新华喀什齐热哈塔尔水电开发有限公司、阿尔塔什水利枢纽工程建设管理局等单位。在实际调度运行过程中，当发生防洪、生态、灌溉、发电等方面出现重大突发事件，而下坂地水利枢纽有能力通过调度措施来缓解问题时，调度中心可实施相关调度。如调度措施有可能对其他方面有重大影响时，应及时向相关部门通报[8]。

3.2 超标准洪水调度

当水库水位超过水库校核洪水位或是地震等不可抗拒自然灾害危及水库大坝安全时，新疆下坂地水利枢纽工程建设管理局应立即上报新疆维吾尔自治区水利厅和塔里木河流域管理局，由新疆维吾尔自治区水利厅上报自治区人民政府启动大坝安全管理应急预案。

超标准洪水：超过防洪系统或防洪工程设计标准的洪水。

允许最高水位：当遇到超过防洪运用标准的洪水时，库内最高水位不能高于坝顶高程。

判别条件：入库洪峰流量大于 1310m^3/s。

运用方式：底孔泄洪洞闸门开启敞泄、表孔溢洪洞联合下泄，保障大坝安全。

调度权限：新疆维吾尔自治区水利厅。

根据流域洪水特点，制定超过校核洪水的应急调度方案，并报上级主管部门审批。遇超标准洪水时，本工程泄洪建筑物布置特点为“两个进水口、共用一个洞身”。底洞进口为压力孔口、有闸控制；侧槽表孔为溢流表孔，无闸控制，具有一定的超泄能力，能在一定程度上提高水库抵御超标准洪水的能力。

4 结束语

本文尝试结合下坂地水利枢纽工程建设实例，对防汛工作方案以及关键措施进行分析，在概括工程基本信息的基础上，对防汛工作的开展措施与实施方案进行分析论述，最后就防汛调度的关键内容进行阐述，希望能够确保防汛措施实施效果，使水利枢纽工程建设功能得到充分发挥。

参考文献

[1] 陈森美，张中顺，郑盈盈，等. 浙江省水利防汛物资储备管理实践与思考 [J]. 中国水利，2023 (6)：60-62.

[2] 陈晨，管志凯. 水利防汛物资协议储备模式思考——以浙江省省级为例 [J]. 浙江水

利科技，2023，51（4）：71－75.
[3] 吴永松，翟高勇，郑福寿．水利工程防汛抢险物资储备品种和数量确定方法分析[J]．中国防汛抗旱，2023，33（2）：87－90.
[4] 初红霞．水利防汛信息技术在农田水利工程与水利工程建设的应用[J]．砖瓦世界，2023（16）：202－204.
[5] 伊成良，张中顺，姚叶婷．浙江省水利防汛物资管理数字化改革探索[J]．中国水利，2022（13）：34－35.
[6] 刘树军，孙晓明，郭东记，等．水利抗旱防汛工程中应急预案的重要性研究[J]．中国科技纵横，2022（4）：120－122.
[7] 刘同旭．辽宁省防汛抗旱工作中水利信息化的应用研究[J]．黑龙江水利科技，2021，49（3）：186－187，217.
[8] 周根富，陈小田．水利防汛物资管理单位安全生产状况评价指标体系的建立[J]．江苏水利，2021（Z1）：106－108.

水利工程招标投标中的成本控制与预算管理

吴晓燕

（新疆下坂地水利枢纽工程建设管理局，新疆　喀什　844000）

摘　要：在水利工程的招标投标过程中，成本控制与预算管理是保障项目成功的关键因素。本文深入分析了水利工程招标投标过程中，成本超支的多种原因，主要是设计和规划阶段的不足、施工过程中的管理缺陷，以及政策和市场因素的影响等。着重探讨了在预算编制、风险管理和持续监控方面的策略，旨在提高预算编制的精确性和透明度，强化成本控制机制，并构建出有效的监控和评估体系。通过这些策略，可以显著提升项目的财务管理效率和成本效益。

关键词：水利工程；招标投标；成本控制；预算管理

水利工程作为基础设施建设的重要组成部分，对其招标投标过程的科学管理，在保证工程质量、控制成本和加快施工进度等方面意义重大。然而，在实际操作中，水利工程项目经常面临成本超支的问题，这不仅影响到项目的经济效益，也可能影响到工程的质量和安全，成本控制与预算管理因之成为关键课题，其重要性在日益复杂的市场环境和政策背景下更加凸显。尽管有许多研究关注了工程项目管理，但在水利工程领域，针对招标投标过程中的成本控制和预算管理的系统性研究仍然有限。

1　水利工程招标投标的现状与挑战

1.1　当前水利工程招标投标流程概述

水利工程的招标投标流程是一个复杂的多阶段过程，涵盖了从项目计划到合同签订的一系列关键环节。在流程的初期，项目需求和预算评估是首要任务，这通常涉及对工程规模、设计方案以及估算成本的细致审查。随后，项目招标文件的准备和发布成为中心环节，该环节明确了工程的技术规格、质量要求、工期限制和预算约束等。招标文件发布后，各投标单位根据自身能力和资源，提交各自的投标方案。在投标阶段，评标委员会对投标文件进行细致的审核，主要考虑因素包括投标单位的技术能力、成本报价以及业绩的情况。在此阶段，对于投标方案的成本效益分析尤为重要，它直接影响着项目的财务可行性和未来的盈利空间[1]。决策者需要在众多投标方案中，找到一个既符合技术要求又具备经济效益的平衡点。最终，招标单位根据综合评价结果选择中标方，双方签订合同并进入工程实施阶段。整个流程需要严格的监督和管理，以确保所有步骤的透明性和公正性，同时也需确保项目能在既定的预算和时间框架内顺利完成。

1.2 成本控制与预算管理面临的主要挑战

成本控制与预算管理在水利工程招标投标过程中面临诸多挑战。首当其冲的是预算设定的复杂性。水利工程通常涉及大量资金，其预算编制需考虑多方面因素，如工程规模、地理位置、材料成本、劳动力市场以及环境保护要求等。这些因素的不确定性使得预算编制过程极具挑战性，需要对各种潜在的风险进行仔细评估和预测。此外，市场波动和政策变化也给成本控制带来了不小的压力。例如，原材料价格的波动、劳动力成本的变动以及政策的更新都可能导致预算的重大调整。这些外部因素的不稳定性要求项目管理者在预算编制和执行过程中保持高度的灵活性和适应性。管理上的缺陷也是一个重要的挑战。在水利工程项目管理中，有效的沟通和协调对于成本控制至关重要。不同阶段的管理漏洞，如设计更改、施工延误或监管不足，都可能导致成本的增加。此外，由于涉及多个部门和团队，如设计师、承包商和监理单位，缺乏有效的协调机制可能会导致资源浪费和工作重复，进而增加整体成本。因此，面对这些挑战，项目管理者需要具备良好的专业素养和灵活的应变能力，以确保项目能在预算范围内高效、高质量地完成。

2 成本超支的原因分析

2.1 设计和规划阶段的问题

设计和规划在水利工程项目建设中扮演着重要的角色，但也常常是导致成本超支的源头。在这一阶段，项目的基本框架和预算估算得到确定，但由于信息不足或分析不充分容易引发后续问题。例如，一个常见的问题是需求评估不准确，导致设计方案不切实际或超出预算范围。在某些情况下，由于缺乏对项目复杂性的充分认识，初步设计可能低估了所需材料、设备和人力资源的成本。此外，环境评估不足可能造成对未预见环保要求的忽视，从而增加了额外的成本负担。设计和规划阶段的问题不仅会导致直接的成本增加，还可能在项目实施过程中引发连锁反应，如设计更改需求频繁，进一步推高了项目的总成本[2]。

2.2 施工过程中的管理缺陷

施工过程中的管理缺陷也是导致水利工程项目成本超支的一个重要因素。有效的项目管理应确保工程按照既定计划进行，但实际操作中常常面临各种挑战，例如，项目管理团队可能缺乏足够的经验或专业知识来应对突发情况，导致对问题的反应不够迅速或处理不恰当。在施工过程中，资源分配的不合理也是一个常见问题，如工程材料、人力资源的不合理配置或设备使用不当等，都可能导致成本的持续增加。此外，施工过程中的沟通不畅也是导致成本超支的一个关键因素。由于缺乏有效的沟通，各参与方之间可能出现误解或信息传递不准确的情况，导致工作重复或决策错误。这些管理缺陷不仅影响了项目进度，而且增加了额外的成本。

2.3 政策和市场因素的影响

政策和市场因素对水利工程项目的成本控制具有深远影响。政策变动，如环保法规的加强、税收、移民政策的调整，都可能对项目成本产生重大影响。这些政策变化，使得项目建设必须进行对应的调整，如更改设计、增加环保设施或支付更高的劳动成本，从而推高了项目建设的总成本[3]。市场因素，如材料成本的波动、劳动力市场的变动或货币汇率的波动，也是重要的外部影响因素。例如，建筑材料价格的上涨会直接增加工程成本，同理，劳动力市场的紧张也将提高人工成本，进而影响项目预算。因此，对政策和市场环境的变化保持敏感，并在项目规划和执行过程中进行及时调整，是控制成本的必经路径。

3 成本控制与预算管理的策略

3.1 提高预算编制的精确性和透明度

在水利工程的成本控制和预算管理中，提高预算编制的精确性和透明度势在必行。精确的预算编制始于对项目需求的深入理解和对项目建设实际情况的全面评估。要做到上述两点，需要详尽的市场调研、大量的历史数据分析和过硬的专业知识，来确保预算的准确性。在预算编制过程中，要考虑所有涉及的成本要素，包括直接成本，如材料、人工、设备等；间接成本，如管理费用、法律咨询和保险费用等。此外，为了应对不可预见的变化，合理的预算应包含一定比例的风险准备金。透明度在预算管理中同样重要。透明的预算过程意味着所有利益相关方都能够清晰地了解到预算的构成体系和支出依据。这可以通过开放的沟通渠道和共享详细的预算文件来实现。透明的预算制定不仅有助于增强团队成员和利益相关方对项目建设的信任，还可以提高预算的可接受度和执行力。使用先进的预算编制工具和技术，是提高预算编制精确性和透明度的关键所在。例如，采用项目管理软件可以提高预算编制的效率和准确性，同时，这些工具还提供了实时的预算跟踪和调整功能，确保项目能够灵活地应对各种情况的变化。

3.2 强化风险管理与成本控制机制

强化风险管理与成本控制机制是确保水利工程成本效益的必要条件。有效的风险管理首先需要识别和评估出项目建设中的所有潜在风险，包括技术风险、市场风险、财务风险和环境风险[4]。每个风险因素都应被逐一分析，以确定其可能对项目成本和施工进度带来的影响。基于这些分析，项目团队可以制定风险应对计划，包括风险缓解策略和应急措施。成本控制机制的建立与实施不可或缺，这包括设定清晰的成本控制目标、建立严格的成本审批流程和定期的成本审计。此外，为了有效控制成本，项目团队需要持续监控和比较实际支出与预算之间的差异。通过分析“差异”，这不仅有助于及时发现问题和偏差，还可以提供必要的信息来调整项目决策和预算管理。另外，提升项目团队成员的成本意识也是重要的一环，通过定期的培训和交流，可以确保团队成员对成本控制的重要性有着清晰的认识，并在日常工作中积极参与到成本控制工作之中。

3.3 构建持续的监控和评估体系

构建持续的监控和评估体系是确保水利工程项目按预算编制顺利进行的保障。工作中，需要建立一个全面的项目监控系统，不仅要关注财务指标，还需要涵盖时间管理、资源利用和项目质量等方面的情况。通过定期收集和分析项目数据，可以及时发现偏离预算编制和管理计划的问题，及时采取相应措施进行纠正。项目评估体系在运行时，其评估不仅发生在项目结束阶段，而应贯穿项目的整个生命周期。通过持续的评估，可以确保项目目标、预算和时间表始终保持一致，便于管理者调整策略以应对内外部的环境变化。此外，利用现代信息技术来提高监控和评估体系的效率和准确性也非常重要，例如，采用项目管理软件和数据分析工具，可以让监控评估工作拥有更深入的洞察力和更快的反应能力[5]。这些工具能够实时跟踪项目进展，分析成本趋势，并提供决策支持，从而帮助项目管理者更有效地控制成本，确保项目成功。

4 结论

在水利工程招标投标过程中，成本控制与预算管理的复杂性不容忽视。通过对设计和规划阶段中存在的问题、施工过程中的管理缺陷以及政策和市场因素等，进行深入分析，能有效归纳出导致成本超支的因素。提高预算编制的精确性和透明度是控制成本的关键，而强化风险管理和成本控制机制，能够预防和缓解可能的成本超支问题。同时，有效的项目监控和评估体系能够确保项目按预算和计划顺利进行，并及时调整以应对偏差。总之，成本控制与预算管理的成功不仅依赖于技术支撑和财务知识，还依赖于对项目管理的全面把控和对外部环境变化的快速反应。水利工程在社会发展和环境保护中扮演着重要角色，因此，实施有效策略以优化成本控制和预算管理对于确保这些项目的成功和可持续性十分重要。通过持续的改进和创新，可以更有效地管理这些复杂的工程项目，确保它们在提供必要的社会服务功能时，实现经济效益和资源利用的优化。

参考文献

[1] 王涛. 建筑工程招投标过程中的成本管理研究 [J]. 砖瓦，2023 (7)：115-117.

[2] 武靖. 新时期招投标工程管理及成本控制措施 [J]. 中国招标，2023 (6)：180-182.

[3] 王勋俊. 工程项目投标成本测算优化策略研究 [J]. 工程建设与设计，2023 (3)：240-242.

[4] 邹玉琪. 浅析公路工程建设项目招投标阶段成本管理 [J]. 中小企业管理与科技（下旬刊），2020 (6)：42-43.

[5] 胡琛. 公路工程招投标价格的形成及成本控制 [J]. 工程技术研究，2020，5 (5)：197-198.

浅谈塔什库尔干塔吉克自治县农村饮水安全工程帮扶指导中的思考

张　明

（新疆下坂地水利枢纽工程建设管理局，新疆　喀什　844000）

摘　要：新疆塔什库尔干塔吉克自治县（以下简称“塔什库尔干县”）地处高原，地形环境恶劣，以塔吉克族为主。在高原山区建设农村饮水安全工程具有非凡的社会效益，也是山区群众最关心、最直接、最迫切、最现实的民生问题。本文通过总结塔什库尔干县农村饮水安全工程建设帮扶指导中的工作实际，分析建设与前期运行管理中存在的问题，提出合理化的意见与建议，希望对该地区农村饮水安全工程建设与运行管理有所帮助。

关键词：农村饮水工程；工程建设与管理；帮扶指导

1　基本情况

塔什库尔干县位于帕米尔高原东部，县域境内雪峰连绵，沟壑纵横，平均海拔4000m以上，是全疆唯一的高原县和重点边境县，全年只有冷暖两季，属典型的大陆高原干旱荒漠气候，南部山区常年积雪覆盖。全县总面积2.5万km^2，辖10乡2镇、50个行政村（社区），总人口4.1万人，塔吉克族占80.9%，是全国唯一的塔吉克民族自治县。2020年前，全县有12个贫困乡镇（场）44个贫困村，其中8个为深度贫困乡镇，占乡镇总数的66.7%；32个为深度贫困村，占行政村总数的71.1%。建档立卡贫困户4074户16505人。

2　塔什库尔干县农村饮水工程建设帮扶指导工作的主要做法

2.1　高度重视，精心部署

党的十九大以来，下坂地水利枢纽工程建设管理局（以下简称“下坂地建管局”）认真贯彻落实习近平总书记关于打赢脱贫攻坚战的系列重要讲话精神和新疆维吾尔自治区党委、自治区人民政府、水利厅及塔管局关于脱贫攻坚工作的各项决策部署以及自治区水利系统推进深度贫困地区水利脱贫攻坚工作会议精神和水利厅《关于印发〈自治区水利厅22个深度贫困县农村饮水安全工作方案〉修订的通知》（新水办〔2018〕14号）要求，下坂地建管局高度重视，将包联帮扶指导塔什库尔干县农村饮水安全脱贫攻坚工作作为首要政治任务和头号工程，压实责任，成立包联帮扶指导工作组，局主要领导带队，常住包联县，会同塔什库尔干县人民政府精准制定帮扶措施，扎实开展农村饮水安全各项工作，精准实现帮扶目标，把农村安全饮水项目建设作为办实事、惠民生、促脱贫的重要工作来抓，先后多次召开专题会议，研究部署推进塔什库尔干县农村饮水安全工作。

2.2 克服困难，迎难而上

塔什库尔干县饮水安全工程任务村均处在海拔2000～3500m的高原，许多住户居住在沟壑纵深的叶河沿岸，居住分散，下坂地建管局克服恶劣自然环境、高原缺氧、交通条件不便、施工条件复杂、水文及地质地勘资料欠缺等情况，以严肃的工作态度，深入塔什库尔干县任务村为其出主意、想办法，与县人民政府、农业农村局、设计单位等相关人员一村一户现场踏勘，共同研究制定可行的取水方案，明确水源解决方案、管网布置方式、施工技术难题、分散户的通水问题等，着力解决群众最关心最直接最现实的民生问题，为保障农村饮水安全任务按时完成，积极努力推进。

2.3 强化监管，严把质量

塔十库尔干县农村饮水安全工程是一项民生工程，更是一项民心工程，关系到党和政府的形象，更关系到边疆群众的切身利益。下坂地建管局始终坚持把保证工程质量作为农村安全饮水建设的根本，在帮扶指导期间，与“三人小组”及现场监理对供水管材、钢筋、水泥等主要材料进行现场检验，确保三证齐全。同时对管沟基础的开挖、管道连接、供水检测、管沟回填等工序认真查验，特别是入户工程，加强技术指导和监督，邀请当地村民代表参与工程监督，提高工程质量。对发现的问题立即反馈县政府及农业农村局，要求相关责任单位立即召开项目推进会，通报工程质量、进度、安全等方面存在的问题，明确提出整改要求，实施清单管理、挂牌督办、专人盯办、跟踪问效，坚决按进度完成各项既定任务目标。

2.4 多措并举，稳步推进

根据自治区水利厅扶贫开发领导小组会议暨深度贫困地区第2次农村饮水安全工作包联帮扶指导会商会议精神，下坂地建管局再动员、再部署、再发力，围绕脱贫攻坚“两不愁、三保障”的要求，充分发挥水利行业优势，积极与塔什库尔干县人民政府对接，全力推进农村饮水安全工程建设。每月一次会同塔什库尔干县县委、人民政府、农业农村局、设计单位、施工单位、乡村第一书记等相关人员深入各乡村，通过逐村逐户实地查看、查阅资料、询问交流等方式，认真梳理农村饮水安全工作方面存在的问题，查找成因，按照一户一方案研究讨论解决方案和长效运行机制，全面彻底解决涉及112户零散户未通水及涉及194户通水不正常的农村饮水安全问题，至2019年10月全县全面完成农村饮水安全工程建设工作，工程建设取得了阶段性成效。2020年通过巩固提升，全面完成农村饮水安全任务，并顺利通过国家验收，同全国一道同步实现小康目标。

2.5 严格建设程序，确保规范建设

在工程建设帮扶指导工作中严把工程建设程序，工程设计没有批复的不得列入建设计划，对纳入实施方案的农村饮水安全工程，严格按照方案批复的内容进行建设，不得随意变更建设规模和范围，因实际情况确需变更的，要按程序审批后方可变更。

2.6 规范项目管理，认真落实“四制”

在工程实施中，严格执行“项目法人责任制、招投标制、合同制、监理制”。严把施工队伍关、材料选购关、质量监督关和竣工验收关。施工企业、工程材料、主要设备等均实行公开招标，施工企业必须具备水利工程建设乙级以上资质，工程材料和主要设备进行公开招投标，保证了工程质量。

3 塔什库尔干县农村饮水安全工程建设情况

2014—2017年，塔什库尔干县通过建设引泉池、机电井、手压井等各类水源工程，基本解决和改善了塔什库尔干乡、提孜那甫乡和塔合曼乡等9个乡镇场25个贫困村1.86万人的饮水安全问题。

2018年，塔什库尔干县实施安全饮水项目涉及5个乡18个村，工程总投资约1.2亿元，解决了马尔洋乡、瓦恰乡、库科西力克乡、大同乡、达布达尔乡7370人饮水不安全问题。

2019年，塔什库尔干县实施农村饮水安全巩固提升建设项目涉及3个乡4个村，工程总投资840万元，解决2232人饮水不安全问题。目前，科克亚乡科克亚村、塔合曼乡白尕吾勒村、提孜那甫乡（提孜那甫村、栏杆村）农村饮水安全巩固提升建设项目已完工。

塔什库尔干县通过逐年实施农村饮水安全工程，累计投入资金约3亿元，实施农村饮水安全项目61个，铺设管道247.5km，新建改建水源148个，集中供水水源33个，其中，千人以上供水水源9处、千人以下百人以上供水水源24处；百人以下分散式供水水源115处，其中，20户以上的水源57处、20户以下的水源58处。取水类型：地表水15处、泉水7处、机井84处、水窖12处、大口井30处；有消毒净化设备8处，年供水量150万m^3，解决了

全县所有建档立卡贫困户饮水困难和饮水安全问题，实现了全县村民小组供水入户全覆盖。

4 塔什库尔干县农村饮水工程建设管理中存在的问题

4.1 制水成本高，难以良性运行

由于塔什库尔干县农村饮水安全工程点多、面广、管线长，供水量少，电费过高，制水成本相对较高，且农民因经济承受能力低等不愿使用自来水，影响工程的正常运行。

4.2 农村饮水安全工程重建设、轻管理

塔什库尔干县农村饮水安全工程投入使用以来存在以下主要问题；①当前城乡供水服务总站人力不足、管理能力较弱，乡村供水服务站运行管理与维修养护能力还是相对薄弱，风险意识不强；②工程运行管理制度不健全，运行管护不到位，如不按水价标准征收税费、管网维护管理差；③部分农村饮水工程水源主要为山沟道截引的山泉水，受季节等因素的影响较大，每年冬季、春季降水偏少，如遇连旱或特大干旱，沟道来水量不足，对用水群众造成不便；④塔什库尔干县冬季时间较长，在冬季无人居住的农牧民入户管道冻结问题较严重。

4.3 农村居民饮水安全意识较差，用水户参与不够

塔什库尔干县农村居民由于卫生知识缺少、健康意识较差和生活习惯落后，对水质的关注程度不够，喝健康水、卫生达标水的观念没有完全建立，同时由于运行人员专业技术水平不高、监督不力和受资金制约，一些水厂运行过程中未按要求使用净化、消毒设施或有设施不及时维护检验、水质监测数据不及时公示等情况。

5 农村饮水安全工程建设及管理的完善对策

5.1 推进规范化管理，全面完善农村饮水安全管理“三个责任”和“三项制度”

（1）按照“谁投资、谁所有，谁受益、谁负担”的原则，推进农村饮水工程产权制度改革，因地制宜建立供水运行管理单位（公司），推行规范化专业化管理和服务，保障供水工程正常运行和日常运行管理维护。

（2）明晰工程的所有权、经营权和管理权，落实工程运行管理主体、管理责任、人员编制及运行管理经费，同时明确水费收缴方式和使用范围。

（3）加强对农牧民的现代饮水方式的教育培训，引导正确使用输水供水设施，确保农村饮水安全工程正常运行。

5.2 持续做好巩固扩展农村饮水安全脱贫攻坚成果同乡村振兴有效衔接工作

（1）严格落实自治区巩固拓展脱贫攻坚成果同乡村振兴有效衔接工作，

“四个不摘”、做到“八个不变”、推进“八个衔接”，对标乡村振兴对农村供水的要求，梳理、解决农村供水存在的不足和短板，强化工作举措，逐项推进落实。

(2) 排查摸底，逐一梳理核实，逐一问题清查，重点推进清查工作进度，梳理存在的主要问题，立行立改。

(3) 结合塔什库尔干县实际，建章立制，建立和完善可操作、接地气的管理制度。

(4) 不断完善供水计量设施，落实有偿使用，全面开征水费，提高水资源利用效率，确保工程管护经费良性运行。

5.3 加强农村饮水安全工程的运行管理

(1) 随着国家对民生问题的日益重视，农村饮水安全工程项目建设的标准也有了很大的提高，如消毒设施的增加、净化设施的应用等，对于提高工程质量，改善饮水水质都有着重要作用。因此，对于已建成的农村安全饮水工程，既要做好设备的更新和维护，加大水质的卫生监测，又要不断探索和积极引进国外先进供水技术、供水设备，不断完善供水设施，以保障农民饮水安全。随着时代的发展，加强对业务知识和业务技能的再学习，不断提高服务质量和管理水平，这样才能保证农村安全饮水工程发挥功效，真正让百姓用上放心水。

(2) 落实水行政主管部门行业监管责任，建立健全工程运行管理单位，强化工程运行保障能力，全面提升农村饮水安全工程运行管理水平。

(3) 切实做好冬季供水水管防冻胀措施，并加强对供水设施的保护。

(4) 加强水源地保护区的管理。塔什库尔干县百人以下水源地数量较多，特别分散，高山峡谷里周围环境特别复杂，需依法划定水源保护区或水源保护范围，加强保护水源地的管理，在水井、泉水、水厂周围设置围栏等保护设施及电子监控设备，增设相应的标识警示牌。高度重视瓦恰乡库孜丹村水厂水源地过滤池沉降变形问题，查找沉降变形和渗漏水情况，采取必要的处理措施和加强日常观测工作；加强对瓦恰乡昆玉孜村水源地引水泉周围、露天过滤池的保护，改善水源地区域的卫生环境。

(5) 不断提升水厂、水网管理信息化管理水平，加强对运行管理关键岗位人员的业务能力培训，确保工程长效运行。

5.4 加强宣传力度，提高群众的认知

在每年的“中国水周”“世界水日”期间印发材料或是采用板报的方式将安全用水、环境卫生以及健康教育对群众进行宣传，让群众宣传了解安全饮水的意义。尽可能地提高群众对饮用水安全以及保护水源地的认识，要让群众充分地了解到水是生命之源，保护水源地的安全、无污染就是保护群众的生命线。

6 结语

农村饮水安全工程是一项民生工程、德政工程，为了切实解决农村饮水问题，就必须总结工程建设中的好经验、好做法，为今后的工程建设提供有效途径。

解放二渠北干渠和硕县灌区存在的问题及对策建议

王　峰

（新疆塔里木河流域管理局，新疆　库尔勒　841000）

摘　要： 本文在分析解放二渠北干渠和硕县灌区用水现状的基础上，指出了地下水超采问题。针对和硕县地下水超采状况，提出了超采治理的思路及目标，并对治理超采提出了相应的对策。

关键词： 地下水超采；治理思路；治理对策

1　灌区概况

解放二渠是开都河流域年引水量最多、控制面积最大的灌溉渠道。总干渠渠首位于和静县城以西21km的开都河第一分水枢纽北岸干渠22＋800跌水处，末端设有总分水闸，以下分为北干渠、南干渠和八一干渠。渠道总长88km，总灌溉面积46.3万亩，年引水量2.2亿m^3。其中，解放二渠北干渠全长52km（由43.7km防渗渠和8.3km土渠组成），灌溉设计保证率为75%，灌溉面积为25.27万亩，设计纵坡1/12000，设计流量6～15m^3/s，年引水量1.53亿m^3，其灌区位于焉耆盆地北部的和静、和硕两县境内，主要向和静县，和硕县，清水河农场，兵团二师223团、24团、26团等单位供水。和硕县灌区（包括清水河农场、包尔图牧场、兵团第二师26团）位于解放二渠北干渠38＋172（六支干闸）～52＋000（26团节制闸）之间（该段灌溉利用系数为0.55），渠道长13.8km，设计流量为6m^3/s，灌溉面积9.96万亩。具体位置如图1所示。

2　灌溉管理工作当前面临的突出问题

通过调研和认真分析，解放二渠北干渠和硕灌区在灌溉管理工作方面主要存在以下问题。

2.1　灌区使用地表水较少，大量使用地下水

根据巴音郭楞蒙古自治州（以下简称“巴州”）人民政府下达的“三条红线”控制指标，和硕灌区2015年、2020年、2030年地表水用水量控制指标均

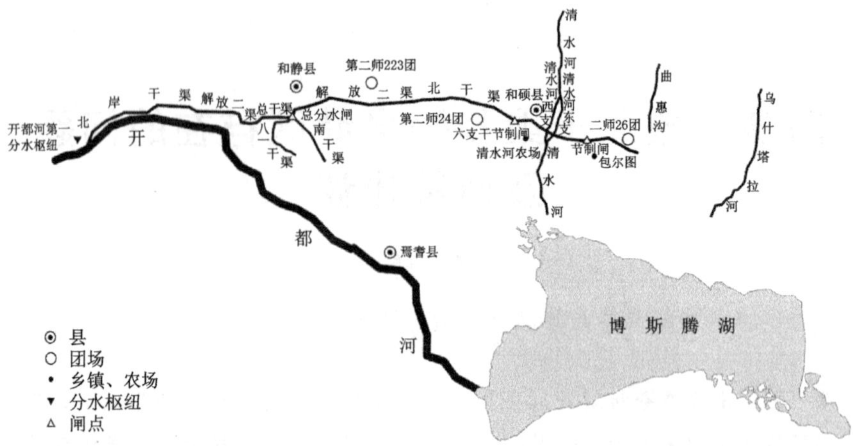

图 1　解放二渠北干渠渠系

为 4300 万 m^3，按照 2020 年巴州综合毛灌溉定额 556m^3/亩计算控制灌溉面积 7.7 万亩；渠道设计引水量为 5537 万 m^3，按照以上灌溉定额 556m^3/亩计算，灌溉面积 9.96 万亩；解放二渠北干渠和硕县灌区现有灌溉面积 11.41 万亩。据统计，2010—2019 年开都河和硕县灌区近 10 年地表水用水（表 1）呈明显下降趋势，从 2010 年的 6162 万 m^3 下降到 2017—2019 年年均 526 万 m^3，下降了 91%，和硕县灌区 2017—2019 年年均地表水实际用水量仅占“三条红线”地表水控制指标 4300m^3 的 12%。若按 2020 年巴州综合毛灌溉定额 556m^3/亩，用水量按 2017—2019 年年均 526 万 m^3 计算，仅灌溉了 0.95 万亩（占现有灌溉面积 8.3%），剩余的 10.46 万亩耕地均使用的地下水灌溉（按照 2020 年巴州综合毛灌溉定额 556m^3/亩计算，需水量为 5820 万 m^3）；特别是兵团第二师 26 团灌区 3.7 万亩耕地（按照 2020 年巴州综合毛灌溉定额 556m^3/亩计算，需水量为 2057 万 m^3），分配地下水取水指标仅为 400 万 m^3，每年至少超采地下水 1657 万 m^3。由此可见，实际耕地面积（11.41 万亩）比设计面积（9.96 万亩）有所增加，灌区地下水超采严重。

表 1　2010—2019 年开都河和硕县灌区用水量统计

用水单位	用水量/万 m^3										
	2010 年	2011 年	2012 年	2013 年	2014 年	2015 年	2016 年	2017 年	2018 年	2019 年	平均
和硕县	4467	2688	2727	4095	2560	1550	1544	360	567	651	2120.9
兵团二师 26 团	1695	1009	660	340	0	0	165	0	0	0	386.9
合计	6162	3697	3387	4435	2560	1550	1709	360	567	651	2508.8

2.2 灌区种植结构不合理

根据《解放二渠总干渠及北干渠节水改造工程初步设计报告》，解放二渠北干渠控制灌溉面积9.96万亩，种植作物主要为小麦、甜菜、油料、西红柿等，灌区农林牧灌溉面积比例为65∶27∶8，种植业内部粮经草灌溉面积比例为21∶72∶7。依据《2019年灌区渠系作物统计表》(解放二渠管理站2019年报)，解放二渠北干渠控制灌溉面积11.41万亩，种植作物主要为小麦、甜菜、辣椒、西红柿等，灌区农林牧灌溉面积比例为84∶14∶2，种植业内部粮经草灌溉面积比例为43∶55∶2。解放二渠北干渠灌区种植结构现状与设计比例相差过大，致使灌区用水过程集中，造成渠道上下游用水矛盾突出。

3 灌区可持续发展的对策和建议

3.1 强化地下水监督管理

加大水资源管理力度，严格落实总量控制措施和执行定额管理制度，强化地下水监管，加大治理力度[1]。加强地下水监控系统建设，安装机电井的井电双控设备，安装取水口计量设施，并接入系统平台统一管理，有效遏制地下水超采现象。

3.2 制定退耕还水政策

根据巴州人民政府下达的"三条红线"控制指标，解放二渠北干渠和硕灌区控制灌溉面积为7.7万亩；现灌区实际灌溉面积为11.41万亩，多了3.71万亩，因此要退耕还水，制定行之有效的退耕还水政策。退耕工作应以政府为主体组织实施，制定退耕方案、补偿方案和安置方案。退减耕地应按不同土地属性区别对待，退耕范围不应涉及承包土地和基本农田土地。对违法占地应坚决清退。推减大户种植的合法耕地应给予合理的补偿，或承包到期后依合同收回。

3.3 调整种植结构，培养群众良好的用水积极性

解放二渠北干渠各灌区种植结构相似，种植作物均主要为小麦、甜菜、西红柿、辣椒等，用水过于集中，特别是秋冬灌时，下游的水较少，造成用水矛盾突出。因此和硕县灌区应调整种植结构，加大宣传力度，下工夫培养群众的用水习惯，做到计划用水、节约用水。

3.4 加强统筹利用水资源

管水部门也应在供水期加大全渠道的调配力度，按照"控制上游、稳定中游、保障下游"的原则，做好上、中、下游供水的统筹协调工作，提高水资源综合利用率。

参考文献

[1] 李英连，吴彬，杜明亮．新形势下新疆地下水超采治理思路与对策［J］．中国水利，2017(1)：28-30.

下坂地水库大坝安全技术监测与资料分析

戴　龙

（新疆下坂地水利枢纽工程建设管理局，新疆　喀什　844000）

摘　要：为确保水库大坝安全，分析自大坝蓄水开始连续8年坝面垂直位移、水平位移，坝体内部垂直位移、水平位移，坝体内部土体压力，心墙位错变形，防渗墙、心墙基座等监测数据，得出结论：大坝在水力作用下，上下游、左右岸方向位移在规定范围，符合一般大坝变形规律，为大坝安全运行提供了数据支撑。

关键词：下坂地水库；大坝安全；技术监测；资料分析

1　概况

新疆下坂地水利枢纽工程位于新疆塔里木河源流叶尔羌河主要支流之一的塔什库尔干河中下游。工程是以生态补水及春旱供水为主、结合发电的综合性Ⅱ等大（2）型工程。水库总库容8.67亿m^3[1]，大坝为沥青混凝土心墙砂砾石坝，坝顶高程2966.00m，最大坝高78m。为了动态掌握水库大坝变形情况，分析其变化原因，为大坝验收提供科学依据，需对水库2012年投入运营至2017年的大坝监测资料进行分析。

2　安全监测项目

大坝设置的监测项目有坝面垂直位移、水平位移，坝体内部垂直位移、水平位移，坝体内部土体压力，心墙温度及位错变形，混凝土应力应变、钢筋应力监测等[2]。为完成监测，共计埋设安装了1152支监测仪器。监测断面的选取及分布如下：

大坝主要选取（坝）0＋160.00、0＋220.00、0＋330.00三个桩号作为监测横断面；建基面下深厚覆盖层基础选取（坝）0＋160.00、0＋221.00、0＋294.00三个监测横断面。

大坝防渗墙监测主要选取（坝）0＋160.00、0＋221.00、0＋294.00三个监测断面安装埋设混凝土应力应变监测仪器，应变计40支、无应力计3支，三个断面埋设测斜管埋深分别为90m、90m、75m，安装固定式测斜仪19支。

大坝沥青心墙基座监测主要选取（坝）0＋155.00、0＋220.00、0＋310.00三个监测断面安装埋设9支应变计、2支无应力计、21支钢筋计，用以监测基座混凝土应力应变。

坝体内部变形监测在（坝）0＋220.00桩号主监测断面共布设7条水平、垂直位移测线，共24个测点，分别采用水管式沉降仪和引张线水平位移计观测；在（坝）0+062.00、0＋220.00、0＋300.00、0＋375.00四个监测断面布设沉降管和测斜管，共计14个测点，以监测坝体内部沉降和水平位移。大坝安全监测仪器设备布置如图1所示。

3 大坝安全监测成果分析

3.1 大坝内部变形监测

3.1.1 大坝内部垂直位移变形监测

沥青心墙下游坝体采用分层电磁式沉降管用于监测内部垂直位移变形[3]。沉降管共计8组。大坝沉降监测的8组沉降管累计沉降量分别为183mm（ES01）、175mm（ES02）、144mm（ES03）、106mm（ES04）、229mm（ES05）、267mm（ES06）、144mm（ES07）、197mm（ES08）。其中，0＋300.00桩号距坝轴距35.6m处ES06整管累计沉降量最大，达到267mm，约占填土坝高的0.36%，其最大单点磁环累计沉降量57mm（ES07－12），各管最大沉降量发生在坝高1/3～1/2处。沉降监测表明，下坂地水库大坝施工期及蓄水发电期间沉降量均不大，大坝填筑压实较好。

3.1.2 大坝内部水平位移变形监测

从下游坝体测斜管监测数据可看出：自埋设完成后两坝肩0＋65.00和0＋375.00桩号两组测斜管01051IN1、01051IN8上下游方向均表现为均上游位移，左右岸方向则表现为左岸测斜管向左岸位移，右岸测斜管向右岸位移。埋设于0＋220.00和0＋300.00桩号的测斜管大部分表现为向下游位移，其中大坝的最大坝高的0＋300.00桩号坝轴线下游8m处的01051IN5下游变形最大，累计变形量达到119mm。下游坝体测斜管各年份累计水平变形量统计见表1。

3.2 大坝外部变形监测

大坝坝体表面埋设变形监测观测点47个。

3.2.1 基准点水平及垂直位移成果

通过对安全监测基准网测量和计算可知：以KZ4为相对固定点，左右岸方向的水平位移KZ3、KZ5、KZ6、KZ7表现为向左岸位移，最大位移量－18.2mm；KZ1、KZ2表现为向右岸位移，最大位移量15.8mm。上下游方向的水平位移KZ1、KZ2、KZ3表现为向下游位移，最大位移量8.1mm，其位移变化量较大，KZ1为19.7mm，KZ2为12.3mm；KZ5、KZ6、KZ7

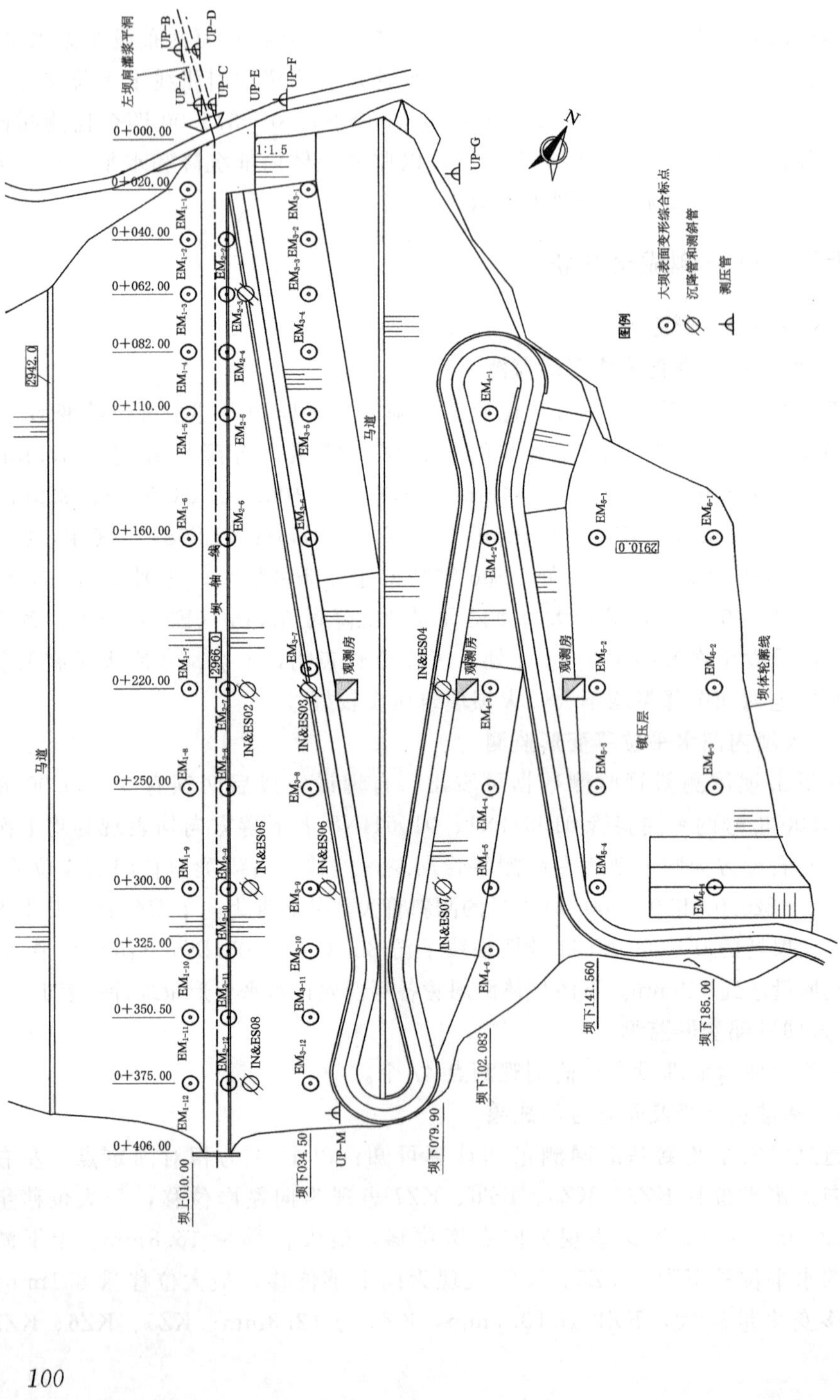

图 1 大坝安全监测仪器设备布置图

表 1　　　　下游坝体测斜管各年份累计水平变形量统计

测点编号	变形方向	变形量/mm							
		2010 年	2011 年	2012 年	2013 年	2014 年	2015 年	2016 年	2017 年
01051IN1	上下游	−40	−31	−34	−36	−27	−30	−33	
	左右岸	−33	−34	−43	−45	−31	−41	−43	
01051IN2	上下游	40	38	30	38	40	40	46	50
	左右岸	29	−15	−27	−20	−23	−17	−26	−19
01051IN3	上下游	50	49	55	53	68	70	71	79
	左右岸	−26	−32	−36	−35	−44	−41	−43	−49
01051IN4	上下游	41	42	43	44	45	35	42	47
	左右岸	14	12	16	10	4	9	9	21
01051IN5	上下游	61	63	73	91	99	98	108	119
	左右岸	20	26	32	38	38	44	42	47
01051IN6	上下游	−45	−43	−33	−36	−37	−48	−56	−53
	左右岸	−52	−62	−57	−68	−80	−78	−82	−78
01051IN7	上下游	19	8	14	26	26	21	22	28
	左右岸	17	23	22	30	22	25	22	26
01051IN8	上下游	−14	−26	−24	−21	−24	−8	−21	−15
	左右岸	22	34	42	48	59	57	55	64

表现为向上游方向位移，最大位移量−3.3mm，其位移量变化较大，KZ7 为−13.1mm。垂直方向的位移 KZ1、KZ2、KZ3、KZ5、KZ6、KZ7 表现为上抬升，最大位移量−16.9mm，其位移变化不大，最大变化点为 KZ7，位移量−3.6mm。

3.2.2　大坝表面变形点水平及垂直位移成果

坝体变形测量成果表明：大坝上下游方向的表面变形受蓄水荷载的影响，整体为向下游位移[4]。从上下游 6 排变形测点的测量数据还可以看出，除第二排坝轴线下游 5.5m 处的测点呈左岸大、右岸小的分布外，大坝中间桩号的测点位移量普遍大于大坝两端的测点，其最大位移量 76.4mm，发生在 0+110 桩号坝轴线下游 34.5m 处的 $EM_{3\text{-}5}$ 测点。

坝体表面左右岸方向的变形表现为：左岸测点基本向左岸位移，右岸测点基本向右岸位移，越靠近坝两端位移量越大，右岸变形比左岸大，主要是右岸岸坡较陡，对坝体的约束作用相对较左岸要弱的原因。左右岸方向最大位移均发生在坝顶，左岸测点最大位移−49.7mm，右岸测点最大位移 54.2mm。

通过水准测量可知，大坝各表面变形测点整体呈沉降、压缩变形，平均沉降量为 123.62mm。大坝中间桩号的沉量普遍大于两端，偏上游侧大于偏下游侧。上游坝体受库水位影响产生湿化变形，坝顶上游侧第一排测点沉降最大，平均沉降 170.13mm，最大沉降 219.9mm。坝顶下游侧第二排平均沉降 156.59mm，最大沉降 187.8mm。坝后 34.5m 处坡面的平均沉降 122.37mm，最大沉降 151.8mm。坝后 100m 处坡面平均沉降 71.65mm，最大沉降 105.6mm。镇压层邻近坝脚部位的平均沉降 28.67mm，最大沉降 64.4mm。镇压层靠近哈沟的平均沉降 16.40mm，最大沉降 24.6mm。

3.3 防渗墙监测成果

3.3.1 防渗墙挠度变形监测

通过埋设于防渗墙中的固定式测斜仪监测数据可知，下闸蓄水前，混凝土防渗墙左右岸中、下部向上游位移，顶部附近向下游位移，其中 0+294 断面 2832.00m 高程的位移最大，约 7mm；防渗墙河槽中部 0+220 断面底部向上游位移，最大位移约 5mm，中、顶部向下游位移，顶部的最大位移约 12mm。防渗墙的变形量主要发生在蓄水之前，与坝体的自重荷载关系较为密切，在坝体自重荷载持续增加的影响下，深厚覆盖层及混凝土防渗墙随之进行相互间的应力应变调整，使得二者之间变形及应力处于相互约束、相互协调、自我适应的一个过程；同时混凝土防渗墙还受两岸混凝土的结构性约束作用，墙体顺河向的位移趋势从河谷中心至两岸逐渐减小。在上述因素的作用下，沿高度方向对混凝土防渗墙顶部的影响较大，发生向下游的位移变形，底部向上游位移变形，但量值较小；沿坝轴线方向，混凝土防渗墙河槽中部断面的变形相对较大，从河谷中心至两岸逐渐减小。由此可见，蓄水之前，在混凝土防渗墙自重、坝体自重及地下水等荷载因素的影响下，混凝土防渗墙与深厚覆盖层之间应力与变形的调整，是导致混凝土防渗墙发生变形的主要原因。

2010 年 1 月 5 日开始蓄水至 2017 年 8 月 8 日，防渗墙 0+160、0+220 断面及 0+294 断面的中、底部整体向下游偏移，偏移量在 0.15～0.83mm，变形量最大的部位主要集中在 0+160 断面的 2834.00～2889.00m 高程；0+294 断面中、顶部向上游变形约 1mm。蓄水期防渗墙承受坝体自重荷载影响的同时，还承受较大水压力的作用，从开始蓄水至今，除个别部位以外，其余部位均呈现向下游的位移趋势，但量值较小。

截至 2017 年 8 月，混凝土防渗墙沿坝轴线方向，墙体中部向下游的位移变形相对较大；沿高程方向，墙体中上部变形较大；基本符合蓄水期间混凝土防渗墙一般的变形规律，从而可知自大坝蓄水至今，混凝土防渗墙的挠度变形量变化不大，发生挠曲变形破坏的可能性不大。

3.3.2 防渗墙应力应变监测

防渗墙混凝土线膨胀系数与混凝土自身体积变形数据见表 2。防渗墙无应力计的自生体积变形监测数据显示：0＋160、0＋221、0＋294 三个断面均为膨胀型。从 2006 年 10 月至 2017 年 8 月，仪器埋设初期自生体积变形增大，之后逐渐趋于稳定。混凝土自生体积变形（混凝土由于胶凝材料自身水化引起的体积变形称之为自生体积变形）对混凝土的应力及结构物的工作状态有重要影响，因为它可能是膨胀型混凝土，也可能是收缩型混凝土，当结构物受到约束时，收缩型自生体积变化将引起混凝土相当的拉应力，甚至造成裂缝；反之，微膨胀型自生体积变形将产生压应力，可以提高混凝土的允许拉应力，甚至可以简化施工措施，降低温控要求等。

表 2　　防渗墙混凝土线膨胀系数与混凝土自身体积变形数据

测点编号	测点位置		高程 /m	测点线性膨胀系数 /(10^{-6}/℃)	自身体积变形范围/$\mu\varepsilon$
	横/m	纵/km			
0101N01	0＋160	坝下 0.3	2882.00	7.17	0～67
0101N02	0＋221	坝下 0.3	2882.00	7.80	0～200
0101N03	0＋294	坝下 0.3	2882.00	8.70	0～146

防渗墙应力变化和分布情况是：在蓄水之前，左右岸混凝土防渗墙底部上下游面的竖直方向处于压应力状态，顶部上下游面的应力处于微压或微拉的状态，中部的上下游面处于拉应力状态，最大拉应力 1.3MPa；蓄水后，上游库水位施加浮托力，水压力以面力的形式作用在混凝土防渗墙的上游面上，左右岸混凝土防渗墙上下游面均处于压应力状态，其中中部的压应力最大，最大压应力均达 6.3MPa。

受坝体填筑荷载及后期蓄水的影响，河槽最深处混凝土防渗墙上游面竖直方向始终处于压应力增加的状态，压应力为 3.7～7.3MPa，底部压应力较大，顶部压应力较小；下游面的应力变化状态与 0＋160 断面的相同，蓄水之后，压应力变化为 3.0～9.3MPa，远小于设计允许的抗压强度 19.1MPa。

影响混凝土防渗墙应力的主要因素有深厚覆盖层的材料特性、与基岩的连接方式、施工因素及上游水位[5]。由于下坂地混凝土防渗墙并未伸入基岩，为悬挂式结构，其受力状态比一般修建于基岩上的混凝土防渗墙（全封闭防渗）较为复杂，且墙体的受力在底部和两岸坡差别也是很大的；深厚覆盖层与防渗墙之间的不均匀沉降也是防渗墙产生拉应力的原因之一，设计初期，考虑结构因素的影响，从最不利的仿真计算结果出发，岸坡段混凝土防渗墙的抗拉强度应不大于 1.8MPa；从目前的监测成果来看，蓄水之前，左右岸混凝土防渗墙上下游面的中、顶部实测拉应力小于设计值，但河槽最深处混凝土防渗墙的下游面出现了较大拉应力，与仿真计算的结果有所出入；随着水库开始蓄水，混凝土防渗墙的应力状况得到改善，拉应力区转变为压应力。2012—2017 年，两个监测断面各高程测点的应力测值较平稳，未发现突变异常情况。

3.4 沥青心墙监测成果

至 2017 年 8 月 5 日，2900.00m、2910.00m、2930.00m、2945.00m、2960.00m 四个高程沥青心墙与心墙基座之间开合度均表现为挤压变形，挤压变形范围在－0.35～－0.78mm 之间，其中右岸挤压变形最大值发生在 2900.00m 高程处 J9 测点，最大变形值为－0.74mm，左岸挤压变形最大值发生在 2930.00m 高程处 J3，变形值为－0.55mm。

左右岸沥青心墙与心墙基座的剪切变形均表现为向河槽方向变形，其剪切变形的较大值发生在右岸 2900.00m 高程处测点，变形量为－0.53mm 和－0.49mm。左岸最大剪切位移发生在 2910m 处 J4 测点，其最大值为－0.46mm。

通过 3DM 两向位移计变形量过程线可以看出，开合量和剪切量变形较大的时期主要发生在坝体填筑期，并随心墙填筑高程的增大而增大。由于左岸坡比 1∶0.92（水平角为 47°），右岸坡比 1∶0.35（水平角为 71°），这种左右岸坡度的差异使得无论是张压变形量还是剪切变形量，在相同高程的情况下右岸数值普遍大于左岸数值。

4 结论

通过对下坂地水库大坝运行期的安全监测数据分析，可以得出以下结论：

（1）蓄水使得大坝混凝土防渗墙与坝体沥青混凝土心墙的趾板构成了一个刚性的连接整体，混凝土防渗墙不仅承受库水荷载的影响，同时趾板在库水荷载的作用下，产生竖直向下和朝向下游方向的位移趋势，进而使得混凝土防渗墙产生向下游的位移量，但影响程度较小，普遍不大于 1mm。

（2）沥青心墙岸坡心墙基座与心墙的位错、挤压变形较小，坡度较陡的右岸变形量大于岸坡较缓的左岸，符合心墙自重及坝壳料作用下的变形规律。其挤压变形范围在－0.35～－0.78mm 之间，剪切变形范围在－0.53～－0.46mm 之间。

（3）上游库水压力大都消耗在混凝土防渗墙和防渗帷幕上。绕坝渗流中，左岸灌浆平洞帷幕上游侧测压管水位受库水位的影响较大，帷幕下游侧测压管水位受库水位的影响较小，左岸帷幕基本起到了截渗的作用。右岸交通洞由于后期帷幕灌浆的影响，未取得有效的测压管水位测值。两岸下游 30m、60m、100m 处测压管水位在 2017 年 8 月前变化不大，受库水位的影响较小。

（4）坝体外部变形。坝体表面上下游方向最大累计位移 76.44mm，发生在坝下 34.50m 中部位置，左右岸方向最大累计位移约 60mm，发生在坝下 10.00 测线；上下游方向均表现为向下游，左右岸方向表现为向河谷位移。大坝表面变形总体表现为坝顶中部沉降最大，下游中部高程向下游位移最大，两岸测点向河谷中部位移，符合大坝变形的一般规律。

（5）坝体内部变形。蓄水运行期间，大坝下游坝体并无突变的内部变形情况。左右岸方向的位移基本遵从向主河床的位移趋势，符合一般的变形规律。为工程验收提供了科学依据。

参考文献

［1］ 张弘，陈海军，邱益军. 爆破消能防治岩爆技术研究与应用［J］. 水利技术监督，2023（6）：140－142，155.

［2］ 郭大海. 西域砾岩区沥青心墙砂砾石坝工作性态分析［J］. 水利规划与设计，2023（6）：123－128，134.

［3］ 朱利平，李翔. 某沥青混凝土心墙堆石坝安全监测设计［J］. 工程质量，2022，40（7）：56－59.

［4］ 郑付刚. 谷幅变形对高拱坝变形影响分析及监控模型研究［J］. 水电站设计，2023，39（3）：1－8，16.

［5］ 柳莹，李江，贾洪全，等. 深厚覆盖层防渗墙安全监测关键技术研究［J］. 中国水利水电科学研究院学报（中英），2022，20（5）：428－437.

水电站直流系统技术改造浅析

余义华

（新疆下坂地水利枢纽工程建设管理局，新疆　喀什　844000）

摘　要： 本文提供了枢纽水电站运行状态下的直流系统技术改造方案，直流系统故障将导致系统运行异常，引发水电站控制失灵，极端情况下甚至引发不可估量的风险。通过对下坂地水电站直流系统运行过程中蓄电池、逆变 UPS、直流馈线故障的原因分析，检修方案的拟订，对类似直流系统技术改造具有一定的参考价值。

关键词： 运行；水电站；直流；技术；改造

下坂地水力发电厂地处高寒、高海拔山区，装机容量为 3×50MW，电气主接线采用发-变组单元接线，机端额定电压 10.5kV，经 10.5kV 母线送至额定容量为 63MVA 三相双线圈无励磁调压升压变压器 SSP9－63000/220 的低压侧，220kV 单母线运行。

《国家电网有限公司十八项电网重大反事故措施》要求 220kV 双套保护装置的直流电源应取自不同蓄电池组连接的直流母线段。下坂地水电站直流馈线柜最初设计负荷仅 54 路，需按双重化配置要求实施调整。

1　直流系统运行工况

下坂地水力发电厂 2010 年并入新疆主电网运行，直流系统设计直流充电柜两面、直流馈线柜一面。下坂地水电站直流系统原理如图 1 所示。

不间断电源依靠直流母线逆变提供安全自动装置及控制系统装置的交流电源，不间断电源系统原理如图 2 所示。

随着运行时间加长，元件老化趋势明显，计算机监控系统[1] 报直流系统局部蓄电池报欠压、充电机输出过热、稳压装置过电压、监控单元通信模块故障、充电模块运行异常、逆变电源系统整流器及输入变压器故障[2] 等。直流系统整体绝缘监测水平下降，电源系统存在运行安全隐患，需实施直流系统整体技术改造。

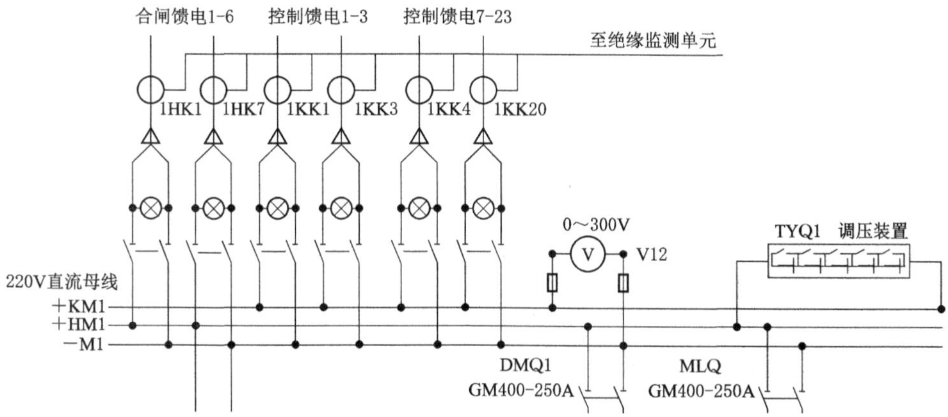

图 1　下坂地水电站直流系统原理图

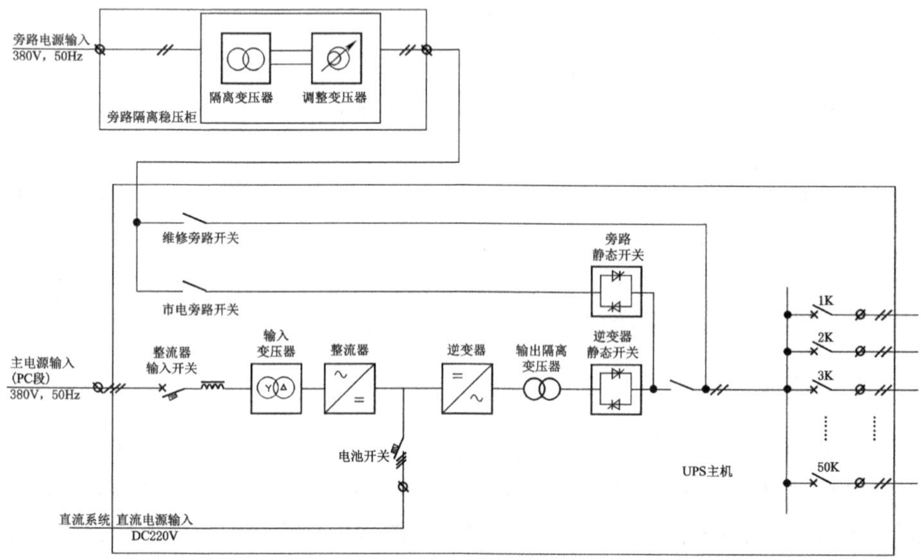

图 2　下坂地水电站不间断电源系统原理图

2　直流蓄电池故障分析、处理及改造更换

两组 400AH 固定式阀控密封型铅酸蓄电池组 2009 年到货并投入运行，运行过程中检测蓄电池容量下降，直流配电室直流故障报警频繁，蓄电池组 60 号、61 号频繁报欠压。单节蓄电池标准电压 2V，浮充电压 2.23V，均充电压 2.33V，额定电流放电 1h 后终端电压低于 1.87V。改造更换时选择性能稳定可靠的电池；正常条件下使用寿命不少于 10 年（25℃），80％深循环放电次

数超过1200次，在常温下电池每月自放电小于额定容量的3%。

蓄电池组采购到货后，退出一组运行的电池组，拆除旧的蓄电池和电池架；组装DCHJ400－108，核对蓄电池正负极上架。连接蓄电池连接线和蓄电池监测线，拧紧蓄电池连接螺栓，扳手扭力控制20NM。蓄电池容量测试，充电不少于8h检测；检测合格设置放电电流40A，放电时间为9.5h，检查蓄电池电压，投入运行正常后，观测24h。将新蓄电池组投入运行，退出拟更换的下一蓄电池组实施更换，更换完成后检查两段直流母线压差，1V以内并入。

3 直流逆变UPS故障分析、处理及改造更换

逆变电源输入回路装设空气开关，每套逆变电源由$N+1$个正弦波逆变器构成，单台逆变器容量2.5kVA，N个正弦波逆变器的额定总容量为30kVA。正常情况下逆变电源装置由厂用交流电源输入。交流电源消失时，由直流蓄电池电源供给逆变器。当逆变电源发生故障但交流电源完好时，交流电源经过三相旁路开关直接供给负荷。

直流逆变UPS支持自主均流、支持模块并联运行及同步运行控制要求，满足多模块并联系统的$N+1$冗余，单台逆变器容量2.5kVA，空载消耗小于100W；噪声小于60dB；MTBF大于50万h。

拆除旧的逆变电源柜；将新逆变电源柜就位；将交流输入、直流输入，接入新逆变电源柜。将交流输出380V电源与负载连接；设置蓄电池容量和蓄电池电压；投入交流输入电源，空载运行；将直流输入电源投入逆变电源柜，空载运行；投入交流输入电源及输出负载，数据显示正常投入运行。

4 直流馈线故障分析、处理及改造更换

按照《国家电网有限公司十八项电网重大反事故措施》第15.2.2.2节两套保护装置[3]的直流电源应取自不同蓄电池组连接的直流母线段的要求，将原设计两面直流充电柜、一面直流馈线柜技改成两面直流充电柜、两面直流馈线柜。核对直流回路数，对照双重电源接入要求，调整直流馈线柜负荷合理分配方案。改造前的直流系统布置如图3所示。

具体实施为：制定直流系统技术改造“四措一案”，严格执行方案中的技术措施和安全措施。装设新的Ⅰ段直流系统，在公用1号UPS馈线柜左侧的两个空余位置分别安装新的1号直流充电柜和1号直流馈线柜，连接好两面柜之间的接线。接入交流电源，调整1号直流充电柜和1号直流馈线柜正常输出；1号蓄电池组接入新Ⅰ段直流系统。将原直流系统母联开关MQ1合上，原Ⅰ段直流母线联络两段母线供电，断开原1号充电柜的交流输入电源；拆除1组蓄电池总正、总负；将1组蓄电池总正、总负接至新的1号直流充电柜，

图 3　改造前的直流系统

合上 1 号蓄电池开关，由新直流系统 1 号直流充电柜输出给 1 组蓄电池充电；检查并确认新直流系统的 1 号直流充电柜、1 号直流馈线柜和 1 组蓄电池运行正常。Ⅰ段馈出转至新 1 号直流馈线柜，采用 1 路 1 移[4] 方式，利用旧设备充电模块制作不间断电源并联至装置电源输入端，如图 4 所示。

为保障运行设备直流电源不掉电，采用的方法是将原Ⅰ段各馈出电缆先并联电源，后断开原馈出电缆接至新 1 号直流馈线柜，检查无误后，合上相应的馈出开关，使其正常供电。Ⅰ段负荷正常通电运行后，依次断开原母联开关、原 1 号充电柜的交流电源，至此，原 1 号充电柜停止运行退出系统，原 1 段母线失电。

装设新 2 号直流馈线柜，原Ⅱ段直流馈出转至新 2 号直流馈线柜，拆除原 1 号直流充电柜所有的外接连线，并移走柜体，并在此位置（原 1 号充电柜）装设新的 2 号直流馈线柜；连接新 1 号直流馈线柜和新 2 号直流馈线柜之间的母线联络电缆，将母联开关打至闭合位，由新 1 段母线联络新 2 段母线供电；仍采用 1 路 1 停的方法将原Ⅱ段各馈出电缆接至新 2 号馈线柜，合上相应的馈出开关，2 段负荷运行正常后，断开原 2 号充电柜的交流电源，退出原 2 号充电柜。

安装新 2 号充电柜，2 组蓄电池转入新Ⅱ段直流系统：拆除原馈线柜，在原直流馈线柜位置装设新 2 号直流充电柜。连接新 2 号直流馈线柜和新 2 号直流充电柜之间的电缆；拆除 2 组蓄电池总正、总负；将 2 组蓄电池总正、总负接至新的 2 号直流充电柜，检查无误后合上 2 号蓄电池开关，由新直流系统 2 号直流充电柜输出给 2 号蓄电池组充电；检查并确认：新直流系统的 2 号直流

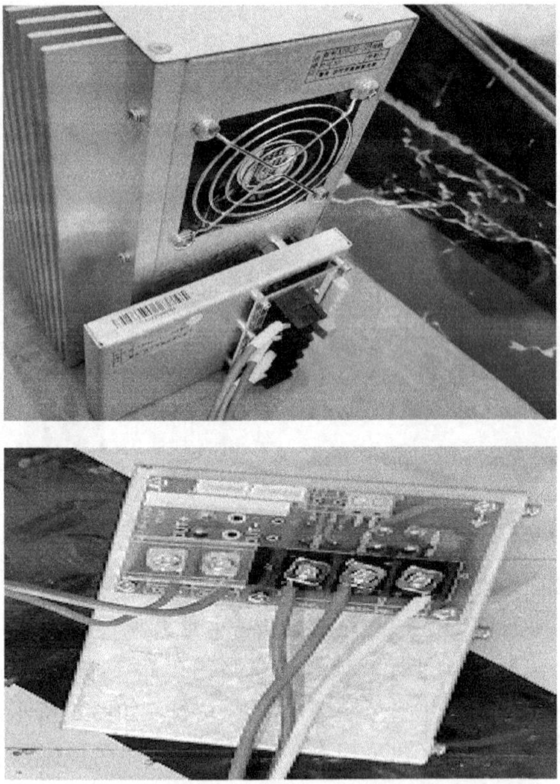

图 4　不间断电源制作图示

充电柜、2 号直流馈线柜和 2 组蓄电池正常运行。断开新直流系统的母联开关 QK，使两段直流母线各自独立运行；拆除原 2 号充电柜。

5　直流改造过程的注意事项

改造过程中核对直流电源供电的馈线，密切关注直流环网运行情况，开环过程中重要负荷的电源应采取外接直流电源等相关预防措施。改造过程中密切关注各直流供电系统工作情况，密切关注直流电压及直流电流的监测[5]情况，改造过程中遇报直流绝缘下降，需核查相应回路，特别注意查找寄生回路。

6　措施及建议

按规程实施直流系统、UPS、不间断电源的维护，定期全面检查、校验，更换异常设备。为确保设备优质工况，运行过程中应加强观测与数据分析，及时开展预防性试验、检查，只有对设备准确地进行校验，才能更好地保证电厂的安全运行[6]，事故凸显了强化设备技术改造对机组安全运行的重要性，对类似电站有一定的参考价值和借鉴作用。

参考文献

[1] XIAO Junming，YU Yihua，LIU Liping，et al. Research on hydraulic power plant monitor and control system based on NC2000 [D]. Tokyo：Proceedings of the 2012 International Conference on Advanced Mechatronic Systems，2012：690-694.

[2] 肖俊明，余义华，贾良宝. 计算机监控系统在水电厂机组控制中的应用研究 [J]. 水利水电技术，2013，44 (11)：124-127.

[3] 肖俊明，余义华，贾良宝，等. 基于仿真的主变非完全差动保护误动分析与处理 [J]. 水利水电技术，2014，45 (4)：50-54.

[4] 余义华. 基于 Simulink 的 220kV 高压电缆头闪络放电分析与处理 [J]. 电工技术，2014，8：17.

[5] 余义华. 下坂地水电站 1#机组启动试运行综述 [J]. 水利水电技术，2012，43 (10)：68.

[6] 陈家恒，等. 小湾水电站典型电气事故隐患分析与解决方案 [J]. 水力发电，2011，37 (9)：65.

新疆下坂地水库工程农业供水价格现状调查分析

王汉中[1]，魏光辉[2]

（1. 新疆下坂地水利枢纽工程建设管理局，新疆　喀什　844000；
2. 新疆塔里木河流域管理局，新疆　库尔勒　841000）

摘　要： 开展工程农业供水价格调查，了解水价现状及存在问题，是稳步推进水价改革的重要基础，也是确保水利工程良性运行、促进水资源节约高效利用的重要保障。本文以下坂地水库工程为例，介绍了水库建设运行情况，对近三年的工程运行成本费用进行了分析，最后针对水库供水价格存在的问题提出了意见建议，研究成果对于推动水价改革、保障水利工程安全运行、实现水利高质量发展提供了参考。

关键词： 水资源；供水价格；成本费用；下坂地水库

1　工程概况

下坂地水利枢纽位于新疆塔什库尔干塔吉克自治县，工程任务是以生态补水、灌区春旱供水为主，兼有发电功能[1-3]。枢纽工程于 2006 年 4 月开工建设，2010 年 1 月下闸蓄水，2011 年 9 月主体工程全部完工，2020 年 12 月 30 日通过竣工验收。工程主要建筑物有拦河坝、导流泄洪洞、地下电站厂房等。工程总投资 20.38 亿元，其中固定资产投资 20.35 亿元。电站总装机 15 万 kW，设计多年平均发电量 4.644 亿 kW·h[4]。

2　水库运行概况

下坂地水库总库容 8.67 亿 m^3，调节库容 6.93 亿 m^3，年发电收入 9895.93 万元（按批复电价为 0.241 元/(kW·h) 计算，实际执行电价 0.229 元/(kW·h)。多年平均供水量为 10.89 亿 m^3，其中生态供水 1.84 亿 m^3、农业供水量（计费）7.105 亿 m^3。2020 年实际总供水量为 9.85 亿 m^3，2021 年实际总供水量为 9.60 亿 m^3，2022 年总供水量为 12 亿 m^3。

下坂地水库于 2008 年注册成立了喀什塔河水利水电公司，主要负责下坂地电厂发电运营管理及塔什库尔干河下游水能梯级开发建设等工作。下坂地电厂2010年6月26日首台机组上网发电运行，2012年2月23日末台机组上网发电。2012年下坂地工程建成转入运营管理后，单位收入主要来源于发电收入，并通过发电收入还贷付息、负责工程维护与日常生产运营，截至2022年年底累计发电量63.8亿kW·h。

2.1 水库运行情况

下坂地水利枢纽工程是以生态补水和春旱供水为主，结合防洪减灾和发电的综合性水利枢纽工程。工程严格按照“电调服从水调”的原则[5-6]，认真执行水库调度运行计划及防洪度汛方案，及时掌握灌区防汛抗旱情况，落实防汛责任，圆满完成各年度生态补水、春灌供水及发电任务目标，工程功效全面发挥[7]。

2.2 生态补水情况

下坂地水利工程建设前，叶尔羌河灌区660万亩耕地、40座平原水库蓄水调节后7—9月在叶尔羌河卡群断面生态水量为7.88亿m^3。工程修建后，下坂地水库替代废弃的16座平原水库和减少剩余的24座平原水库7—9月蓄洪量后，经过下坂地水库与剩余的24座平原水库长系列联合调蓄后，7—9月叶尔羌河在卡群断面多年平均生态水量为9.72亿m^3。对比下坂地水利枢纽工程建设前后，7—9月叶尔羌河在卡群断面多年平均生态水量增加值为1.84亿m^3[8]。

自2012年以来，通过下坂地水库工程累计调节生态补水总量为26.3亿m^3，年均生态补水量为2.63亿m^3，超额完成了1.84亿m^3的生态补水任务，确保叶尔羌河完成多年平均向塔里木河输送3.3亿m^3生态水的目标。

2.3 防洪减灾情况

下坂地水库自2012年正常蓄水以来，年均拦蓄洪水占卡群断面来洪量的10.7%，最大削减洪峰339m^3/s（2015年），根本上结束了坝后下游河道防洪标准基本为零、遇洪受灾的历史，并将其御洪能力从10年一遇提高到100年一遇的防洪标准，有效减轻了下游防洪压力，在叶尔羌河流域防洪减灾、兴利避害方面发挥了积极的作用。

2.4 春旱供水情况

自2013年以来，经下坂地水库调节，春灌期（3月1日至6月20日）累计向下游叶尔羌河灌区增加春灌供水27.21亿m^3、年均3.02亿m^3，超额完成了年增加春灌供水2.33亿m^3的设计任务目标。经长系列计算，下坂地水库通过与下游平原水库的联合调节与反调节，多年平均春季缺水量为0.96亿m^3，灌区灌溉保证率提高到76.6%，极大缓解了下游灌区春旱缺水困难，为维护地区社会稳定和长治久安，推动灌区农牧民丰产增收、经济发展、稳固边防做出了重要贡献。

3 工程供水成本费用分析

3.1 近三年年总体收入支出情况

（1）资产负债情况。下坂地水利枢纽工程总投资 20.38 亿元，形成固定资产 20.35 亿元，喀什塔河水利水电公司固定资产 9.9 亿元，下坂地建管局（水费）10.45 亿元。

（2）2020—2022 年总体收入情况。2020 年下坂地建管局总收入 11781.83 万元，其中水费收入 1264.69 万元、财政补助收入 485.44 万元、发电收入 10031.7 万元；2021 年下坂地建管局总收入 10825.37 万元，其中水费收入 1264.69 万元、财政补助收入 495.13 万元、发电收入 9065.55 万元；2022 年下坂地建管局总收入 14166.41 万元，其中水费收入 1264.69 万元、财政补助收入 548.3 万元、发电收入 12353.42 万元。

（3）2020—2022 年总体支出情况。2020 年下坂地建管局总支出 13600.35 万元，其中工资福利支出 2415.47 万元、商品服务支出 808.33 万元、还本付息 7887.16 万元、税金及附加 1430.37 万元、维修养护项目支出 1059.02 万元；2021 年下坂地建管局总支出 13816.08 万元，其中工资福利支出 2578.25 万元、商品服务支出 1279.25 万元、还本付息 7631 万元、税金及附加 1525.03 万元、维修养护项目支出 801.83 万元；2022 年下坂地建管局总支出 13820.15 万元，其中工资福利支出 2864.04 万元、商品服务支出 1285.08 万元、还本付息 7383.28 万元、税金及附加 1525.68 万元、维修养护项目支出 714.07 万元。

3.2 近三年农业供水成本计算

2020 年，水库农业供水成本 4992.17 万元，其中运行管理费 2326.31 万元、维修养护费 2287.77 万元（含大修费 1927.13 万元）、固定资产折旧 159.87 万元、其他 218.22 万元。减除财政补助后供水成本为 4506.73 万元。2021 年农业供水成本 5280.27 万元，其中运行管理费 2497.12 万元、维修养护费 2343.76 万元（含大修费 1927.13 万元）、固定资产折旧 159.87 万元、其他 279.52 万元。减除财政补助后供水成本为 4785.14 万元。2022 年农业供水成本 5095.13 万元，其中运行管理费 2548 万元、维修养护费 2187.13 万元（含大修费 1927.13 万元）、固定资产折旧 165 万元、其他 195 万元。减除财政补助后供水成本为 4546.83 万元。

3.3 单位供水成本

根据《新疆下坂地水利枢纽工程供水价格定价成本监审报告》核定定价总成本 4785.14 万元，农业供水量 7.105 亿 m^3，单位供水成本为 0.0674 元/m^3。

根据《新疆维吾尔自治区水利工程供水价格核算办法》（新计价费〔2002〕1549号)、《关于开展水利工程保险的通知》(新政传〔1997〕69号)、《关于开展水利工程保险业务协调会议纪要》(新政阅〔1997〕69号）等相关规定，核增水利工程保险费251万元，核增的财务费用345.72万元，核算下坂地工程供水价格为0.0758元/m^3。

4 存在问题及建议

4.1 存在问题

（1）下坂地水库工程还贷付息压力大，正常运营困难。工程总投资20.38亿元，其中使用贷款8.15亿元，水库从2014年开始偿还贷款本金，近几年每年还本付息7500余万元，资金压力较大。

（2）由于下坂地水库地处帕米尔高原，地域偏远且条件艰苦、资源匮乏，工程维护与运行成本较高。工程完工后，收入主要来源为水电费收入。近几年塔什库尔干河来水量偏枯，发电量少，电价偏低，电费收入扣去增值税只剩9000余万元，每年还本付息7500余万元，剩余资金无法保证日常人员经费和设备的维修维护费，发电企业资金缺口较大。

（3）现行水价严重偏离成本，人员经费保障困难，维修养护投入不足，在一定程度上会影响下坂地水库工程的安全生产工作。

4.2 意见建议

下坂地水库工程目前执行的供水水价仅为2010年成本水价的50%，严重偏离实际供水成本，已无法满足水库正常运行管理的基本需求。在充分考虑研究区经济发展水平和用水户承受能力的同时，满足下坂地水利枢纽工程基本运行及日常维护的基础上，建议一次定价、分步实施。建议水价执行方案为：第一步，2024年农业供水价格由0.0178元/m^{3}调整为0.05306元/m^3（占供水水价的70%)；第二步，2025年调整为0.06443元/m^3（占供水水价的85%)；第三步，2026年达到供水水价0.0758元/m^3。

5 结语

“绿洲经济、灌溉农业”是塔里木河流域显著特征，开展水利工程农业供水价格调查，了解水价现状及存在问题，是确保水利工程良性运行、促进区域水资源集约节约高效利用的重要保障。通过对下坂地水库工程建设运行、近三年运行成本费用分析、存在问题等情况的介绍，最后提出了水价改革三步走的建议。下一步，水库运行管理部门要积极与价格管理部门对接，做好水价调整工作，以水价改革推动水利工程良性运行、水利行业可持续发展。

参考文献

[1] 杜崇刚. 凤翔区农村生活饮用水水费收缴及水价执行情况调查及对策 [J]. 陕西水利，2022 (11)：109 - 111.

[2] 陈福松. 百色市农业水价综合改革存在的问题及其对策 [J]. 广西水利水电，2022 (5)：115 - 118.

[3] 黄爱红. 农业水价综合改革的意义与推进策略 [J]. 江西水利科技，2022，48 (5)：383 - 386，390.

[4] 王继飞. 北票市农业水价改革绩效评估分析 [J]. 黑龙江水利科技，2022，50 (9)：169 - 173.

[5] 吾斯曼江. 塔里木河流域水资源配置模式及水价确定 [J]. 河南水利与南水北调，2022，51 (9)：34 - 35.

[6] 邓海龙，谢亨旺. 江西省大中型灌区推进农业水价综合改革的实践探索 [J]. 水利技术监督，2022 (9)：62 - 63，189.

[7] 谢颂磊，闭福刚. 洪潮江水库灌区农业供水终端水价测算分析 [J]. 广西水利水电，2022 (4)：108 - 111.

[8] 侯新月，林晓丽. 黑龙江省农村集中供水工程水价管理现状调查分析 [J]. 水利科学与寒区工程，2022，5 (6)：64 - 66.

大型混流式水轮机调速系统在新疆下坂地水电厂的应用

余晨珂[1]　严国强[2]　郑兴华[2]　涂丽琴[2]　刘　川[2]

（1. 华北电力大学，北京　100096；2. 长江科学院，武汉长江控制设备研究所有限公司，湖北　武汉　430010）

摘　要：大型混流式水轮机调速系统在我国水力发电市场有着广泛的分布与应用。本文介绍了一款大型混流式水轮机调速系统，包含机械设计原理、人机界面功能、一次调频和孤立电网控制等关键技术。下坂地水力发电厂调速系统现场运行稳定，各项数据均满足国家标准要求，为同类型产品的设计和推广应用提供参考依据。

关键词：混流式水轮；主配压阀；测频；一次调频；孤立电网；变参数

1　项目背景

新疆下坂地水利枢纽工程位于塔什库尔干塔吉克自治县境内，是以生态补水和春旱供水为主，结合发电的大（2）型水利枢纽工程。下坂地水电厂装机3×50MW，2010年5月首台机组正式发电。调速系统运行的可靠性和稳定性关系水轮发电机组的安全和发电的质量[1]，2016年开始新疆电网加大了一次调频的考核力度，为确保调速系统的可靠运行，2020年开始陆续技术改造，综合比选采用武汉长江控制设备研究所有限公司研制的WDT－80－4.0型混流式调速系统。

2　调速系统的硬件

调速系统的硬件包括机械液压部分和电气控制部分，整体布局采用机电合一柜，硬件设备采用标准化元件，软件采用模块式结构设计，提高了调速系统的可靠性和可维护性[2]。

2.1　调速系统的机械液压部分

调速系统采用1个1.6m^3压力容器作为压力油存储装置，回油箱最大储油容积为2.16m^3；电液转换单元采用德国BOSCH力士乐公司高性能伺服比例阀组成双冗余容错控制系统。主配压阀采用武汉长江控制设备研究所有限公司专利技术的液压内反馈自复中主配压阀作为液压放大单元。紧停电磁阀为德国 ARGO－HYTOS 产品，该阀体自带位置开关，可即时检测阀芯所处的实际位置状态，提供给电站计算机监控系统。

2.1.1 伺服比例阀作为电液转换器

调速器电液转换元件采用两套互为冗余的德国 BOSCH 力士乐公司生产的伺服比例阀，互为备用，可 PLC 自动切换，也可人工切换。伺服比例阀直接对主配压阀采用流量输入与流量负反馈的控制方式，使主配压阀活塞在正、负流量输入的作用下，产生向上、向下的位移，其位移量与输入的流量在一定范围内成正比，当流量输入为 0 时，主配压阀活塞将迅速复中。该型装置没有油管、调节杆件和机械反馈，安装调整方便，结构简单，可靠性高，耗油量小。另外，自动与手动的互相切换可无条件、无扰动地进行。

2.1.2 液压内反馈式主配压阀

液压内反馈自复中主配压阀的突出特点是：如调速系统失电或出现电气故障，不需通过诸如位移传感器反馈信号或机械弹簧力等电气机械外部因素，而只利用自身的流量内反馈原理特性即可实现主配压阀阀芯保持在中位，从而维持机组故障前的运行状态，此时仍可手动操作调速器开启或关闭导叶接力器。其工作原理如图 1 所示。

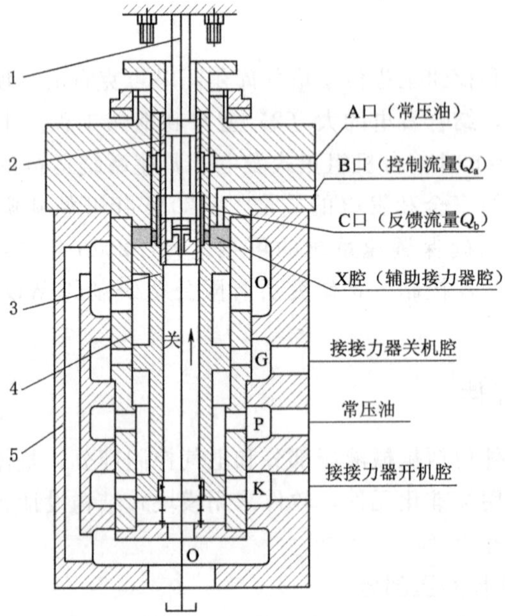

图 1　主配压阀

1—引导阀；2—引导阀衬套；3—主活塞；4—主衬套；5—壳体

由图1结合结构设计分析，主配压阀与一般调速器不同的是，引导阀1被固定于中位，不能上下移动。引导阀衬套2固定于与辅助接力器内（即主活塞3的上阀盘）；引导阀A口接常压油；电液转换元件的控制流量 Q_a 由B口输入到X腔（辅助接力器腔）。

当引导阀阀盘位于封闭C口位置，X腔（辅助接力器腔）的容积不变，同时由几何位置（设计值）确定主配压阀活塞的工作阀盘封闭主衬套的上下窗口。此时，$F_{主配}=F_{辅}$，辅助接力器和主活塞不动，即为引导阀阀盘和主配压阀活塞处于几何中位。

工作原理：当电液转换元件的输出流量 $Q_a=0$ 时，C口被封闭，X腔（辅助接力器压力控制腔）的容积不变，主配压阀活塞的工作阀盘封闭主衬套的上下窗口，此时，$F_{主配}=F_{辅}$，辅助接力器和主活塞不动，引导阀和主配压阀活塞处于中位，如图2所示。

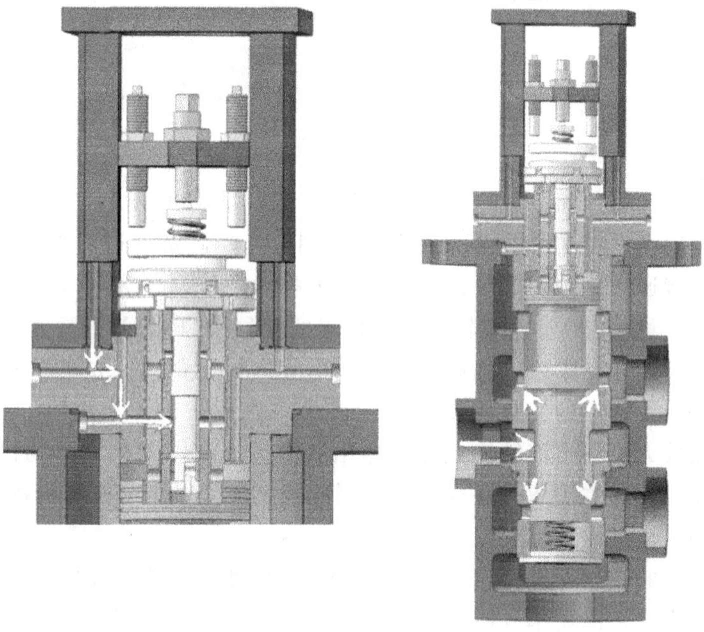

图2　X腔容积不变

当电液转换元件以 Q_a 流量向X腔注入压力油时，X腔压力升高，使辅助接力器向下移动，同时X腔将通过C口（引导阀衬套2窗口）接通排油。当辅助接力器向下移动的位移量 ΔSF 刚好使C口排出的即反馈流量 Q_b 等于电液转换元件的输入流量 Q_a 时，X腔容积不再变化，辅助接力器将稳定于新的平衡位置。注入X腔容积的流量 Q_a 越大，辅助接力器的位移就越大，因此，辅助接力器和引导阀衬套偏离中位的位移 ΔSF 将与电液转换元件输出的流量成 Q_a 正比，如图 3 所示。

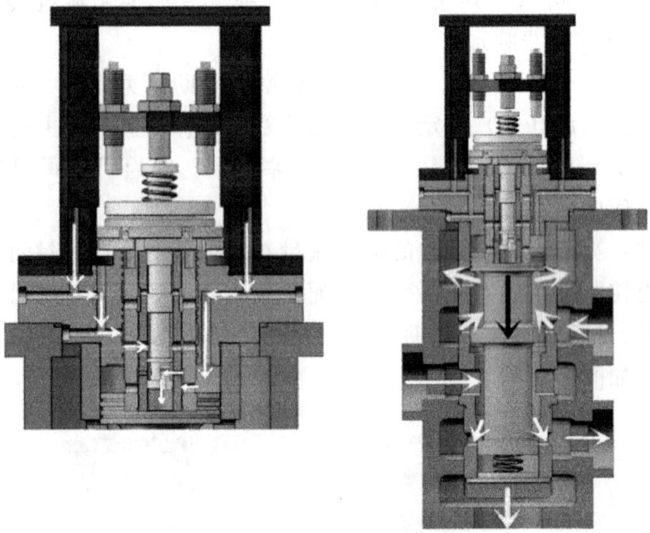

图 3　X 腔注入压力油

当电液转换元件将 X 腔接通排油时，X 腔压力瞬间减小，辅助接力器在主配压阀恒定向上推力作用下向上移动，同时，X 腔将通过 C 口（引导阀衬套 2 窗口）接通常压油，当辅助接力器向上移动的位移量 ΔSF 刚好从 C 口注入的即反馈流量 Q_b 等于电液转换元件排走的流量 Q_a 时，X 腔容积不再变化，辅助接力器将稳定于中位。辅助接力器和引导阀衬套偏离中位的位移 ΔSF 将于电液转换元件输出的流量成 Q_a 正比，如图 4 所示。

前置级放大器将电液转换元件的输出流量转换成辅助接力器的机械位移，由于辅助接力器与主配压阀联成一体，因此也实现了对主配压阀的控制。

2.2　调速系统电气控制部分

调速系统的控制器采用两套施耐德 M340 系列可编程控制器互为主备，人机界面采用中国台湾研华 TPC 系列平板计算机，通过以太网交换机实现数据互联交互。

PLC 核心部件 BMX P34 2020 处理器，具有极高的可靠性和强大的控制功能，结合触摸屏的友好界面、灵活的历史数据回访功能，可以充分满足调速系统的控制与调节要求。

2.2.1　频率测量及一次调频

频率测量是调速系统电气部分最重要的环节之一。近年来随着新能源发电的广泛应用，为确保电网安全和电能质量，电网对发电企业的并网运行管理日

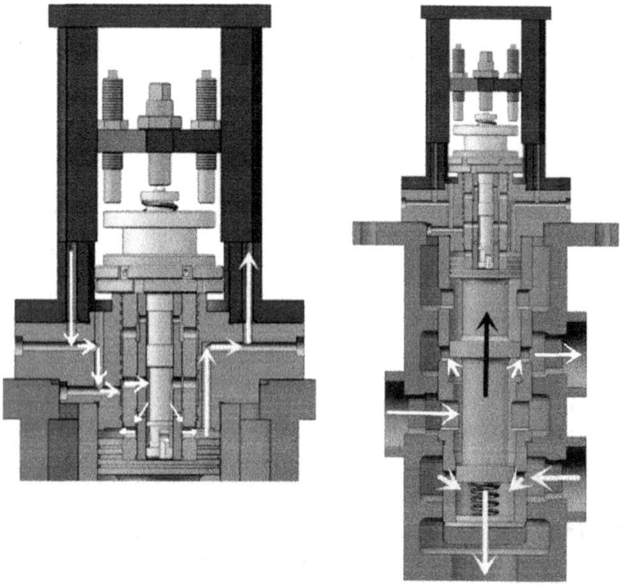

图 4　X 腔接通排油

趋精细、明确。改造后，下坂地水电厂调速系统的频率测量和一次调频可以满足标准的要求，其主要技术特点如下。

（1）测频的实时性和精确性。在调速器最核心的测频环节上，BMX P34 2020 处理器具备测频环节简单、测频精度高、实时性强、可靠性高等优势。由于 PLC 针对测频环节配备了专用的软件函数和硬件模块，使得测频的外围设计和内部程序都比较简单，容易操作[3]。下坂地水电厂调速器在外部残压信号四分频的前提下，PLC 采用 5ms 的执行周期，本体测频精度可以达到 0.000625Hz，完全可以满足水轮机调节系统的速动性和稳定性要求，同时也可以满足电网对机组一次调频等涉网试验的要求。

（2）一次调频的软件介绍。针对一次调频的特殊性，本调速系统采用多参数处理方式，各参数见表 1。

表 1　　一次调频参数

序号	参数名称	设置值（可修改）
1	比例系数	5.00
2	积分系数	8.00
3	频率死区	0.05Hz
4	永态转差系数	4.00%
5	动作 1	50.050Hz

续表

序号	参数名称	设置值（可修改）
6	复归 1	50.047Hz
7	动作 2	49.950Hz
8	复归 2	49.953Hz
9	动作延时	16.00s
10	限幅	100.00%
11	有功上限	103.00%

参数 1～4 为常规控制参数；参数 5～8 对一次调频动作和复归信号进行精细控制；参数 9 针对一次调频的短时间动作进行延时，保证调频的电量有足够的积分时间；参数 10 针对不同地区的考核标准允许用户修改；参数 11 限定一次调频过渡过程中的有功上限。

2.2.2 人机界面特点介绍

人机界面（触摸屏）采用中国台湾研华 12 寸 TPC1250H 平板计算机，主显画面如图 5 所示，显示调速器常用的参数，画面简洁清晰，信息完备，方便用户巡查。此外，触摸屏程序还配备了数据列表、静态试验、参数修改等读/

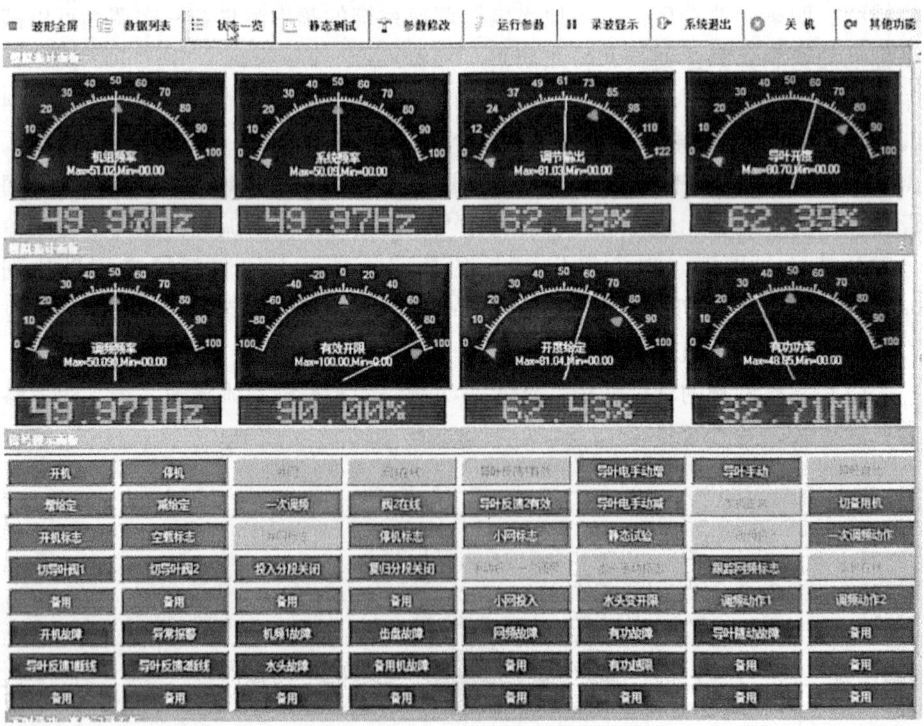

图 5 触摸屏主显画面

写画面，以及极值查询、退出/关机、触摸校验等功能画面，极大地方便了用户的运行维护。

相对于其他触摸屏，平板计算机有强大的历史数据回访功能[4]。调速器PLC中重要的参数均可以保存在平板计算机的硬盘中，保存11个模拟量和64个开关量，并且数据采样周期可达100ms，这对电站分析问题、处理故障有极大的帮助。如图6所示孤网调节过程。

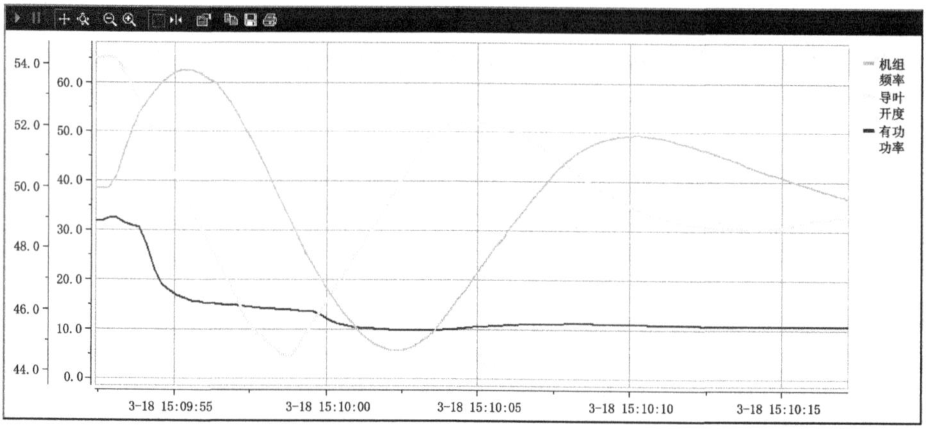

图6　孤网调节过程

2.2.3　孤网控制的技术特点

孤网控制功能在下坂地水电厂取得了较好的效果。调速系统程序对孤网的判据、控制如下：①当前机频越过小网阈值0.5Hz且持续100ms，判孤网标志；②频差不超过0.4Hz且持续120s，复位孤网标志；③孤网状态下，程序自动退出大网，退出一次调频，调用孤网状态下的独立参数，见表2。

表2　　孤　网　参　数

序号	参数名称	设置值（可修改）
1	比例系数	1.00
2	积分系数	0.10
3	微分系数	1.00
4	频率死区	0.20Hz
5	永态转差系数	1.00%
6	手动投入孤网功能	有

如图6所示，下坂地水电厂2022年3月18日发生的线路侧甩负荷事故，根据调速系统的触摸屏历史数据，15：09：52机频开始上升，导叶开度从65.10%开始关闭，15：09：54孤网标志产生，15：09：55频率达到极大值

53.84Hz，此时导叶开度已关闭到 36.30%，15：10：02 频率达到极小值 44.66Hz，随后频率振荡过程持续衰减，频率波动范围在 49.40～50.60Hz 之间。如图 7 所示，15：56：38 故障消失，机组恢复大网运行，在约 47min 的孤网工况下，调速系统能够将频率控制在±0.60Hz 以内，有功功率的变化范围在 2.9～13.3MW 之间，导叶开度的调整范围在 3.3%～12.7%之间。可以看出，调速系统较好地完成了孤网状态下的调节，为电网的稳定作出了贡献。

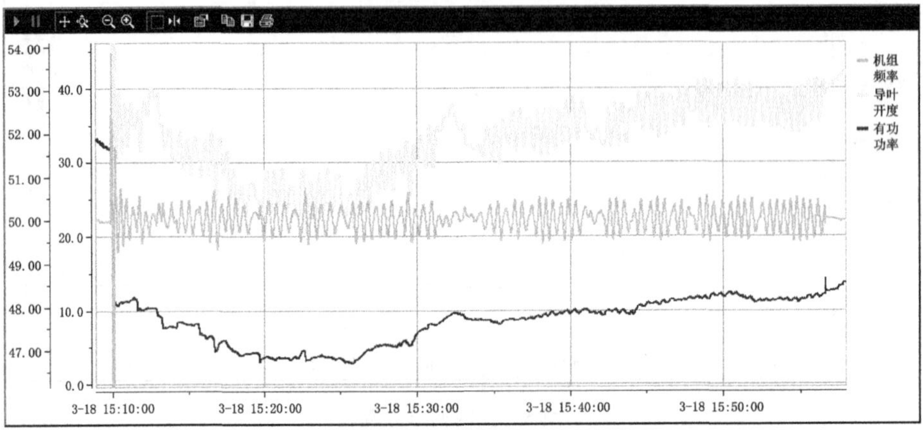

图 7　历史数据回访画面（孤网 2）

该控制方式的优点如下：①迅速判断孤网状态；②由于从大网进入孤网的形成条件不同，调速系统对孤网系统能否最终稳定是无从判定的，但是在该组参数下，根据现场运行经验，对突变负荷不超过孤网总容量的 20%的情况下[1]，本方案均可以将机组频率较快稳定，有助于孤网的稳定；③较强的永态转差系数配合较弱的比例、积分系数，在孤网这种特殊工况下，不易引起振荡或超调，有利于电网的稳定。

2.2.4　水头变参数

下坂地水电厂额定水头 190m，其水头变化幅度较大，有记载的极端水头为：最高水头 214.8m，最低水头 155.76m。较大的水头变幅对调速系统的控制会产生以下困难：①空载时导叶开度的变化；②并网满负荷时导叶开度的变化。改造后的调速系统设置了水头变参数功能，利用当前水头，通过查表的方法，可以精准得到空载开限和并网上开限（表 3），从而实现自动化控制效果。开机到空载过渡过程中，可实现机组转速快速上升、临近额定转速时超调量小、易于并网；在并网状态下，机组可以顺利达到额定有功，且保留一定的开度上限。

表 3　　　　水头变开限参数设置

有效水头/m	空载开限/%	并网上开限/%
180	30.00	98.00
190	28.00	96.00
200	26.00	94.00
210	24.00	92.00
215	22.00	90.00

3　调速系统现场运行情况

2021 年 10 月，下坂地水电厂 2 号机组调速器改造成功并正常投运，各项指标均满足（或优于）国家标准要求。

3.1　静态特性试验

整机静态特性试验是调速系统最重要的一个基础试验，检验了调速系统整个闭环控制系统中的所有环节，现场试验结果见表 4，均满足国家标准要求。

表 4　　　　下坂地水电厂 2 号机调速系统静态试验

试验项	参　数	测至主接力器的转速死区 i_X	其他观测结论
静态试验	$K_P=10$，$K_I=10$，$K_D=0$，$E=0$，$b_P=4\%$	0.014%	①静态特性曲线均近似为直线；②转速死区及接力器摆动值均满足国家标准要求

3.2　动态相关试验

机组空载摆动波形如图 8 所示，机频 3min 摆动差值为 0.06Hz，优于国家标准要求。

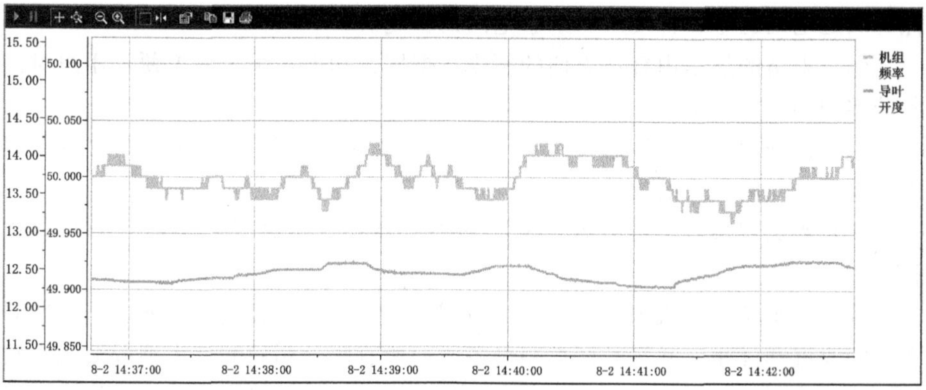

图 8　机组空载摆动波形

机组甩100%负荷波形如图9所示，在甩负荷调节过程中，偏离稳定转速3%（1.5Hz）以上的波动次数$Z=1$；从甩负荷开始至机组转速摆动相对值不超过±1%为止的调节时间T_E与从甩负荷开始至转速升至最高转速所经历的时间T_M的比值为9.5，均满足国家标准要求。

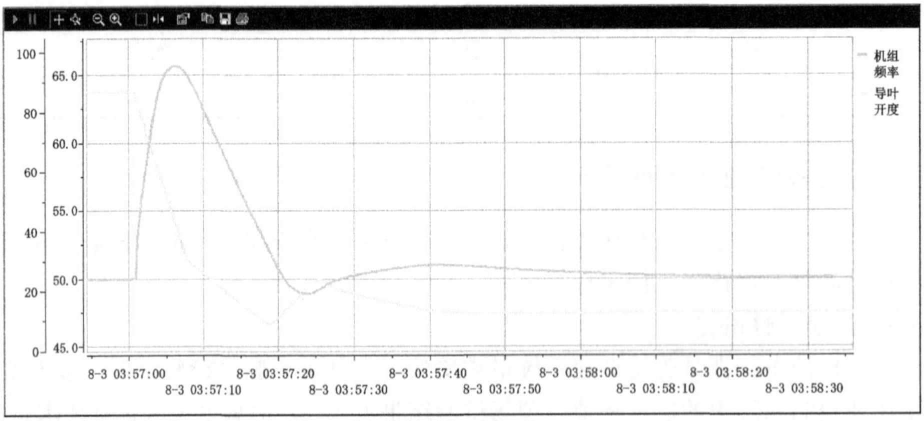

图9　机组甩100%负荷波形

4　结语

现场实践表明，下坂地水电厂调速系统技术改造在设计和应用中，有以下技术亮点：

（1）主配压阀具有独特的流量内反馈自复中功能，保证了在反馈断线和其他故障时主配能自动复中到中间位置，具有创新性；结构紧凑，工作可靠，维护工作量小，易于实现纯机械手动。

（2）高精度测频和多参数控制模式，保证一次调频动作的可靠性和灵敏性，满足电网的考核标准，有助于电网的稳定。

（3）丰富的显示内容和方便的历史数据回访功能，极大地方便了用户对设备的维护和数据分析。

（4）孤网模式下采取独立的控制方式，能够尽可能地发挥机组的调频能力，有助于电网频率的收敛及稳定。

（5）水头变参数功能有助于机组的安全运行，提高了电站运行的自动化程度。

混流式水轮发电机组有着广泛的应用，针对其机组控制特性的专用调速器在不断改进和优化。武汉长江控制设备研究所有限公司研制的大型混流式水轮机调速系统不仅技术先进、可靠性高、稳定性好，而且操作方便、运行维护工作量少，能有效地为新疆下坂地水电厂提高发电量、提升自动化水平，为电站实现“无人值班（少人值守）”创造了条件[5]，具有良好的经济效益、社会效益和生态效益。

参考文献

[1] 魏守平. 水轮机控制工程［M］. 武汉：华中科技大学出版社，2005.

[2] 潘熙和，王丽娟，齐耀华，等. 多喷嘴冲击式水轮机调速器在阿鸠田水电站的应用［J］. 水力发电，2006，32（2）：45－48.

[3] 周国斌. 水轮机可编程调速器若干问题研究［J］. 长江科学院院报，2001，18（1）：55－57，64.

[4] 潘熙和，高雄，方斌臣，等. 大型冲击式水轮机调速系统在云南高桥水电厂的应用［J］. 水利水电快报，2022，43（12）：88－92.

[5] 潘熙和，王丽娟. 我国水轮机调速技术创新回顾与学科前景展望［J］. 长江科学院院报，2021，28（10）：221－226.

浅析档案管理在水利工程质量控制中的作用

刘艺洁

（新疆下坂地水利枢纽工程建设管理局，新疆　喀什　844000）

摘　要：水利工程档案是水利工程的重要组成部分，是工程质量控制的关键环节，因此加强对水利工程档案的研究与管理具有特殊意义。本文对档案管理在水利工程质量控制中的重要意义进行了阐述，通过对水利工程档案在工程质量控制中的作用进行探讨，就档案规范化管理能够有效提升水利工程整体质量，提出完善以及加强水利工程档案管理的有效建议。

关键词：水利工程；档案管理；工程档案；工程质量

水利工程是影响国民经济和社会发展的重要基础设施，在当前我国全力推动水利高质量发展的背景下，水利工程投资持续保持较高的增长态势，国内水利工程建设的规模与数量也在持续攀升，而水利工程质量直接影响着人民群众生命安全、财产安全以及生态安全，因此，对于水利工程的质量安全必须高度重视。为了保证工程建设过程规范、工程质量合格，水利工程档案作为工程验收的重要内容，同时也是水利工程投入使用之后运行管理及维修养护的重要参考依据，必须确保水利工程档案全面、真实、完整地反映工程建设全过程，通过规范化管理水利工程档案，使其在水利建设和质量监督管理中充分发挥作用，更好地为水利事业服务。

1　档案管理对水利工程质量具有重要意义

水利工程档案伴随着水利工程项目的全生命周期，工程档案资料产生于工程初步设计、立项以及基本建设全过程，作为水利工程建设成果的历史记录，水利工程档案具有记录、保存和备查价值，涉及工程项目前期、施工、运行的各个环节，是工程质量控制以及后期安全评估的重要依据。特别是大中型水利工程建设具有工程规模大、建设周期长、参建单位多等特点，在工程建设过程中会形成数量巨大、种类繁多的工程建设资料，涉及建筑、交通、电力、通信、机械、水文、气象、生态等各个方面，全面记录了工程实施的详细情况，由此而形成的水利工程档案具有专业性、多元性、综合性的特点，而所有这些工程相关资料都在水利工程档案的应归档范围之内。如水利工程立项文件是项目经费落实和项目具体实施的根本依据；设计、招投标产生的文件材料是项目勘察测量、施工组织的重要依据；在工程建设原材料的使用进程中如钢筋、水泥等使用前，必须要进行送检，只有检测合格才能使用，这些检测文件及实验记录是保证工程施工质量非常重要的依据。因此，对于水利工程档案管理必须予以高度重视，其在水利工程质量控制中的作用不容忽视。

2 水利工程档案在工程质量控制中的作用

2.1 水利工程档案是水利工程质量控制中的关键环节

水利工程档案是水利工程质量和工程验收的重要依据，作为检验水利工程建设质量问题的法律凭证，可以直接反映工程建设质量面貌，是不可替代的原始记录[1]。工程档案内容的准确性、完整性和档案的安全保管直接影响着工程质量，如施工日志、监理日志是每日不同分部不同单元工序的现场记录，能够对工程施工质量起到监督和控制的作用；施工现场及时、准确、完整的调用设计图纸，是工程施工质量保证的前提；质量保证资料、施工测量及工程量签证资料是全面评价水利工程质量的重要依据。水利工程质量管理中影响质量控制的因素很多，而水利工程档案管理涵盖了工程质量相关的诸多内容，其本身就属于工程质量把控的关键环节之一，如果缺失档案管理这一工作内容，整个工程项目就无法正常开展。水利工程档案管理作为水利工程质量控制的关键环节，对于确保施工过程规范及后期安全运行至关重要，已得到越来越多的认可和重视。

2.2 水利工程档案是工程质量事故的查考依据

工程事故发生后需要认定事故责任、分析事故原因，还原建设施工管理过程，这些都需要工程建设档案来提供依据[2]。在水利工程建设过程中，有许多工序内容会被接下来的其他工序掩盖，从而对于很多关键节点、重要隐蔽工程及关键部位在工程竣工后是看不见摸不着的，也很难对其质量、成分进行检测，对水利工程的质量监督、检查、查考，只能根据阶段性验收结论、质量评定结果或施工过程中留存的现场记录、照片档案、影像记录以及图纸资料对水利工程项目内容进行分析评价，此时水利工程档案的作用就是无可替代的了，需要通过档案资料查考的内容都是影响工程质量的关键指标，因此，必须准确定位水利工程档案在水利工程质量控制中的地位和作用。

2.3 水利工程档案管理是促进工程质量提升的必要条件

工程档案管理是水利工程是不可分割的有机组成部分，在水利工程建设管理中，对于工程质量起着至关重要的作用。工程质量管理工作与档案工作紧密结合，并贯穿始终，不但能使质量管理工作按程序开展，还为后期工程验收奠定了坚实的基础[3]。水利工程档案管理本身就是政府及行业对水利工程进行验收检查的一部分内容，因此从某种意义上讲加强工程档案管理的审查，也是提升工程质量的一种有效途径。在档案业务实践中，例如进场机电设备安装前缺少相关合格证明资料的情况，档案工作人员在核查资料时发现并及时提出问题，可以避免工程建设过程中安装使用不合格设备的损失，达到提高工程质量的效果。所以规范的档案管理是水利工程建设顺利实施的重要保障，也是提升水利工程建设质量的重要内容，在整个工程项目的具体建设过程中工程档案管理作为工程质量管理的重要手段，值得引起高度重视和仔细思考研究。

3　完善水利工程档案管理的建议

3.1　完善相关管理制度及标准规范

为了充分发挥水利工程档案管理在提升工程建设质量中的作用，有关参建单位首先要完善工程档案管理制度及标准规范。我国各级档案管理部门均出台了一系列与工程档案管理相关的法律法规与制度政策。与此同时，档案管理人员应以国家标准规范为基础，针对不同的水利工程项目，制定更为详尽、更有针对性的档案管理制度。通过加强档案过程管理，及时收集工程建设原始资料，在工程项目立项伊始就与工程管理同步实施规范化管理。严格按照施工单位自检、监理单位审核、建设单位项目管理部门审查的“三级”审核机制，避免档案部门因专业限制对档案内容准确性把关不足的问题，确保水利工程档案真实反映工程项目实际。

3.2　档案工作的有序化开展必须严格履行基本管理程序

水利工程在施工的过程中，档案管理人员需要按照工程项目划分建立健全建设项目档案，制定切实可行的档案分类大纲，及时收集、整理建设项目各个环节的工程资料，确保对整个工程所涉及的项目进度以及施工质量档案资料进行全面的收集管控。工程完工后及时组织参建有关单位进行各阶段工程档案验收。对施工文件的质量控制应在竣工预验收阶段要求施工方对档案资料进行自查，再由监理方进行核查，建设方进行全面审查，并严格规范落实竣工验收档案专项考核指标，保证档案资料的质量。

3.3　注重档案管理人员的教育培训

首先，要配备专职档案管理人员，保证档案人员队伍稳定，定期开展档案专业技能培训，不断更新专业知识。其次，要重视对档案管理人员在水利工程管理及其相关领域的素质培养，档案人员特别要对施工过程及质量控制应归档资料有系统的了解，通过组织档案管理人员参加相关的会议和培训，提高档案工作人员的综合素质。

3.4 加大档案管理现代化建设力度

在档案管理中，信息化技术可解决工程档案收集、查找困难的问题，如将有关档案信息储存在计算机中，不仅便于检索，延长保存期，提高利用率，并可使查考工程项目资料更加迅捷，达到节约人力、物力的目的。为此，要加大对档案工作信息化的投入，前瞻性地配备必要的先进设备，加快档案管理规范化、现代化步伐。

总而言之，在大力强调安全生产的今天，工程档案管理工作无论是对工程质量的保障，还是对经济社会发展和人民生命财产安全都至关重要。本文在对水利工程档案管理促进工程质量作用进行分析的基础上，就加强上述工作的有效措施进行剖析，希望能够促使水利工程档案管理更好地融入现代水利工程质量保证体系。档案工作人员应以促进水利工程质量为动力，以高度的责任感和紧迫感，进一步加强水利工程档案管理工作，为提高建设工程质量控制充分发挥促进作用。

参考文献

[1] 王吉垒. 工程档案管理对工程质量的影响分析 [J]. 城建档案，2021 (8)：46-47.

[2] 陈玉兰. 工程档案管理对促进建设工程质量作用的研究 [J]. 城建档案，2014 (6)：57-59.

[3] 李建华. 加强工程档案管理对促进工程质量的作用探讨 [J]. 兰台内外，2019 (2)：61-62.

专用水文站数据与大型水库水位、流量关系分析研究

马　芬

（新疆下坂地水利枢纽工程建设管理局，新疆　喀什　844000）

摘　要： 针对大型水库调度对准确水文数据的迫切需求，本文深入分析专用水文站数据与水库水位、流量之间的复杂关系。通过广泛梳理现有文献，总结了水位-流量关系研究的主要进展，并探讨了数据驱动方法在水资源管理中的应用情况。采用理论与数据相结合的方式，对水位-流量关系进行了细致分析，包括流量计算的理论基础、曲线拟合技术以及不确定性的评估。通过对专用水文站数据进行预处理和时间序列分析，建立了模型并进行了验证。将模型应用于实际水库调度案例，评估其在水资源管理中的有效性，同时指出实践应用过程中遭遇的问题与挑战。结果可为水利工程调度提供决策支持，促进水资源的高效利用。

关键词： 水文站数据；水库水位；流量关系；数据驱动

水文站数据的精确分析对于大型水库水位与流量关系的理解至关重要。这种理解促进了水资源的合理分配和有效管理，尤其在干旱、洪水等极端气候事件下显得更为重要。随着城市化进程加快及气候变化影响日益明显，如何科学地利用专用水文站数据对水库进行调度成为当下亟须解决的问题。本文旨在通过系统分析水文站数据与大型水库水位、流量之间的关系，为水库管理提供科学依据，并探讨相关模型和方法在实践中的应用效果。

国内外许多研究已表明，水库调度策略的优化可以显著提升水资源利用率，降低自然灾害风险。因此，深入探索水位-流量关系，建立准确的预测模型就显得尤为关键。本文基于国内大型水库实际情况进行分析，考虑到不同地区的气候、地形以及社会经济条件，以期提出具有普遍适用性和地方特色结合的水资源管理策略。

1　水库水位-流量关系研究进展

近年来，水库水位与流量关系的研究取得了显著进展。通过长期监测和数

据积累，研究人员已能够更准确地描述和预测这一关系，这对于水资源的有效管理和合理调度具有重要意义。改进的统计方法和数值模拟技术使得从历史数据中提取出更为精细的水文规律成为可能。随着遥感技术和 GIS 系统的广泛应用，研究者开始探索水位-流量关系在空间分布上的变异性，这个角度的深入研究极大提升了对于大尺度和复杂流域水文特性的理解。同时，随着机器学习和人工智能技术的快速发展，数据驱动模型在水文水资源领域得到了广泛应用。基于大数据分析的水位-流量关系预测模型在考虑非线性因素、实时性能以及预测准确度方面均有所增强。这些模型不仅可以处理传统物理模型难以表达的复杂水文过程，还能有效利用多源异构数据，为水库管理提供更加灵活和准确的决策支持。

2 数据驱动的水资源管理方法回顾

数据驱动方法已成为水资源管理研究领域的重要工具，该方法依赖于大量的水文气象数据作为输入，通过机器学习或统计模型揭示水资源系统的内在规律。近年来，随着计算能力的增强和数据采集技术的进步，数据驱动方法在模拟水文过程、预测水资源供需、优化水库运行等方面显示出显著优势[1]。具体而言，这些方法能够处理非线性、高维度且动态变化的数据集，适应不同的环境条件和变化趋势。然而，数据质量、模型通用性及其在特定条件下的适应性仍是亟待解决的关键问题。

3 水位-流量关系分析方法

3.1 流量计算理论

流量计算是水文学中的一个核心环节，它为水资源管理和水库调度提供了基础数据。流量计算理论主要包括定额法、水力学计算法和水文统计法等。定额法通过预先确定好的流量公式进行计算，适用于结构简单且稳态流的河道；水力学计算法则依据流体物理原理，利用实测或估计的水位数据来推求流量值，较适用于中小河流；而水文统计法则更多依赖于长期观测的历史数据，通过统计分析各种条件下的水位—流量关系来建立预测模型，尤其在复杂或变幅流条件下更具优势。尽管各种流量计算方法在实践中都有广泛应用，但由于各种方法的局限性，针对特定水库和流域选择最合适的流量计算方法仍然是挑战之一。为了提高流量计算的准确性，研究者们开始集成多种方法和技术，结合现场实测数据和数值模型进行综合分析，目的是更准确地描述和预测水量变化。

3.2 水位-流量曲线拟合方法

水位-流量曲线是表示一定时期内水库水位与流量的关系，拟合高质量的水位-流量曲线对于水资源的监测和管理具有重要意义。传统的曲线拟合方法（如线性回归和多项式回归）虽然简单易行，但并不总能充分捕捉水位和流量之间的非线性关系。近年来，随着计算技术的发展，机器学习算法（如支持向量机、人工神经网络以及随机森林等）被引入到水位-流量曲线的拟合中，这些方法能够更好地处理复杂的非线性关系，并提高模型的预测精度。采用这些高级方法拟合水位-流量曲线时，除了需要注意避免过拟合现象外，还应当考虑到模型的可解释性和可操作性。合理地选择模型参数，以及使用足够长的时间序列数据，可以帮助研究者得到反映真实水文规律的水位-流量关系。同时，持续更新模型以吸纳新的数据点，是保持曲线准确性和实用性的关键。

3.3 不确定性分析

在水位-流量关系研究中，不确定性来源广泛，既包括测量误差，也包括模型结构的不确定性。不确定性分析旨在定量评估这些不确定因素对模型预测结果的影响，从而增强模型结果的可信度和可靠性。常见的不确定性分析方法包括敏感性分析、置信区间评估以及蒙特卡洛模拟等。敏感性分析可以识别模型输入参数中对输出变量影响最大的因素，而置信区间评估则提供了模型预测的可能范围。面对复杂的水文情况，不确定性分析尤为重要。例如，在气候变化背景下，极端天气事件的发生频率和强度均在变化，这给水位-流量关系带来了新的不确定性。因此，将气候变化的不确定性纳入水位-流量关系模型中，对于未来水库运行和调度决策的稳健性至关重要。通过不断完善不确定性分析方法，可以为水库管理提供更加科学和适应性强的支持。

4 数据分析与模型建立

4.1 专用水文站数据预处理

在大型水库管理研究中，专用水文站收集到的数据是分析水位-流量关系的基础。然而，原始数据通常包含许多噪声和异常值，需要经过严格的预处理才能用于后续的分析。预处理步骤包括数据清洗、验证以及缺失值处理。数据清洗主要是识别并剔除明显错误的数据记录，例如由设备故障或外部干扰造成的异常读数。通过验证环节，数据的一致性和可靠性得以确认，为建立准确的水位-流量模型打下坚实基础。对于缺失数据的处理，通常采用插值方法补全，保证数据序列的完整性。插值方法的选择取决于数据的特点和缺失情形，常见方法包括线性插值、拉格朗日插值和时间序列分析等。此外，对于季节性变化明显的水文站点，还需进行季节调整，消除季节性影响，从而揭示水位和流量之间更深层次的关系。

4.2 模型构建与验证

基于专用水文站的预处理数据，构建水位-流量关系模型是对水库调度关键指标的定量分析。模型构建依赖于对水文过程深刻的理解，包括降雨、蒸发、径流和渗漏等多种影响因子。使用回归分析、系统动力学模型、神经网络等方法，可以建立起符合当地气候和地形特征的水文模型。对于大型水库而言，高精度的模型不仅可以反映当前的水文情况，还可预测未来的变化趋势。模型的验证通常采用交叉验证或独立样本测试的方式。通过比较模型预测的结果与实际观测值，评估模型的准确性和泛化能力。优质的水位-流量模型不仅在历史数据上展现良好的拟合效果，也能对未知数据做出合理的预测。模型验证阶段的问题反馈将指导模型的进一步修正和完善，确保其在实际应用中的稳定性和可靠性。

4.3 水库水位、流量的时间序列分析

水库水位、流量的时间序列分析是揭示两者关系的重要手段。通过长期、连续的监测数据，可以观察到水位与流量随时间变化的规律性，识别出潜在的周期性成分。自相关和互相关分析揭示了序列内部的相关结构，而谱分析等方法有助于发现隐藏的频率成分。这些时间序列分析技术为水库水文情势的预测和调度提供了重要工具。时间序列分析也可以揭示水文变量之间的动态关联和滞后效应。例如，水位上升可能会在一段时间后导致流量增加。采用如自回归积分移动平均模型（auto regressive integrated moving average model，ARIMA）等先进的时间序列模型，可以捕捉这些动态关系并进行准确预测。这种分析不仅有助于了解当前的水文状况，也为制定未来的水库调度策略提供了科学依据。

5 水位-流量关系应用研究

5.1 水文站数据在水库调度中的应用实例

水文站的实时监测数据对于水库调度策略的制定和优化至关重要。通过分析特定水文站记录的水位、流量等信息，调度者能够准确评估上游来水情况，为水库放水、蓄水及洪水调控提供依据[2]。例如，在干旱季节，确保足够的水量支撑下游生态需求与农业灌溉是调度的主要目标；而在汛期，预防洪水损害成为首要任务。调度者可以根据水文站提供的动态数据，结合天气预报与历史资料，制定出更加精细化的水库运行方案。在具体实施中，某大型水库通过安装于上游的专用水文站，收集相关水文数据后，运用先进的分析模型即时预测未来几小时或几天内的水位变化趋势。这些信息帮助管理人员提前做好泄洪准备，同时也为避免因过度蓄水导致的安全隐患提供了科学依据。此外，水文站数据同样适用于水质监测和环境保护，为综合性的水库管理提供了有力的数据支持。

5.2 模型在水库管理中的作用评估

水文预报模型在水库管理中起着至关重要的作用，其最大的优势在于能够模拟和预测未来的水文状况，包括降雨量、径流量和水位变化，从而指导水库的合理调度。通过这些模型，管理人员可以优化水资源利用，提高防洪减灾能力，并为水电站发电提供科学的调度依据。模型的准确性直接影响到水库调度策略的有效性，因此验证模型的可靠性是提升水库管理水平的关键步骤。在评估模型的作用时，通常会比较模型预测结果与实际观测值之间的差异，以确定模型是否能够准确反映水文周期内的各种复杂现象。此外，模型还必须能够适应气候变化、降雨模式转变等不确定性因素，保持预测的稳定性和准确性。模型在多场景下的适用性，如多年平均流量分析、极端事件模拟等，也是评估其作用的重要指标。综上所述，水文预报模型不仅是水库管理中的核心工具，其可靠性和适应性也直接关系到水库调度和管理的科学性和有效性。通过不断优化和验证水文预报模型，可以更好地实现水库的多目标管理，提升水资源的综合利用效率。

5.3 实际应用中存在的问题与挑战

尽管模型和技术的发展极大地提高了水文站数据在水库管理中的应用效果，但在实际操作中仍面临着挑战。数据的准确性和完整性是基础。由于自然条件限制和监测设备的局限，水文站点可能无法提供连续和全面的数据记录。例如，极端天气可能导致传感器损坏，从而影响数据质量。此外，水文数据的时效性对于应对紧急水文事件尤为关键，而数据传输和处理的延迟可能会减缓响应速度。管理层面，水库调度决策的复杂性也为实际应用带来了挑战。水库调度需要考虑多方面的因素，包括水资源供需平衡、生态保护、社会经济活动和防洪安全等。不同利益相关者之间的利益协调，以及政策法规的制约，使得调度决策不仅仅是一个技术问题，还涉及广泛的社会经济因素。

6 结论与建议

综上所述，专用水文站数据和水位-流量关系模型在大型水库水位和流量管理中起到了不可替代的作用。这些工具可以提高水资源的利用效率，确保水库运行的安全性，并在一定程度上缓解水资源配置中的矛盾。然而，数据和模型的局限性，以及管理执行层面的挑战，提醒我们在实际应用中应本着谨慎和科学的态度。针对当前存在的问题和挑战，建议加大对水文监测设备的投入，提高数据收集的覆盖率和精度，并强化数据传输的即时性。同时，加强水位-流量模型的研究，提高其对非线性水文过程和极端事件的适应性和预测能力。在管理层面，应推动跨部门的合作，构建综合性的决策支持系统，并积极探索将水文站数据与其他水资源管理工具相结合的新方法，以更全面地应对复杂多变的水库管理任务。

参考文献

[1] 邱超. 青山水文站水位流量控制方法研究 [J]. 湖南水利水电，2019 (4)：2.

[2] 程海云，陈力. 三峡水库泄水波与沙市站水位流量响应关系研究 [J]. 人民长江，2017，48 (19) 29-41.

水利工程项目合同变更的管理与控制

吴晓燕

（新疆下坂地水利枢纽工程建设管理局，新疆　喀什　844000）

摘　要： 本文探讨了水利工程项目中合同变更的管理与控制，着重分析合同变更的定义、类型及其对项目成本、进度和质量的影响。实践表明，合同变更通常由多种因素驱动，包括技术要求、环境因素和政策变动等。合同变更对水利工程项目的影响深远，尤其是在成本增加、进度延误和质量波动方面。进一步讨论了有效的合同变更管理和控制策略，包括变更请求的评估和审批流程、风险管理及成本控制策略，以及沟通和协调机制的优化。通过这些策略，项目管理者能更好地应对合同变更带来的挑战，确保项目目标的顺利实现。

关键词： 水利工程；项目管理；合同变更；控制策略；风险管理；成本控制

水利工程项目建设，由于其复杂性和对环境的敏感性，经常面临合同变更的风险。合同变更不仅影响项目成本和进度，还可能影响工程质量和相关利益方的利益。因此，有效的合同变更管理和控制是保证项目成功基础之石。本文旨在分析水利工程项目中合同变更的主要原因和类型，以及其对项目的具体影响。着重探讨如何通过有效的管理策略，控制和管理变更，以期帮助项目管理者更好地理解和应对合同变更带来的挑战，从而提高项目的管理效率和成功率。

1　水利工程项目合同变更的背景和原因

水利工程项目合同变更，指的是在项目实施过程中，由于内外部因素导致原合同条款需要调整的现象。合同变更的定义涵盖了对工程范围、成本、时间表或其他关键合同元素的修改。这些变更通常包括范围变更、时间延期和成本调整[1]。范围变更可能涉及工程规模的增减或技术规格的调整，时间延期则关联到工程完成的时间表更改，而成本调整则涉及工程预算的增减。合同变更的原因多种多样，主要可以分为内部因素和外部因素。内部因素包括项目规划和设计的不足、工程实施过程中的技术问题或资源配置不当。例如，设计阶段的疏漏可能在施工阶段显现，迫使合同进行修改。外部因素则包括自然环境变化、法律法规的更新、市场条件的波动等。例如，突发的自然灾害可能导致工程建设需求的改变，而新的环保法规可能要求工程采取额外的环保措施。这些因素共同作用于水利工程项目，使合同变更成为项目管理中不可避免的一部分。因此，合理对待和管理合同变更，对于确保水利工程项目的顺利进行和完成意义重大。

2　合同变更对水利工程项目的影响

2.1　对项目成本的影响

合同变更对水利工程项目的成本影响通常是显著的。当工程项目的范围发生变化，如增加额外的功能或改进现有设计时，往往需要额外的材料、劳动力和时间，从而导致成本的增加。例如，如果在建设过程中增加了额外的安全特性材料或使用了更高标准的材料，这些改变不仅增加了直接成本，还可能引起间接成本的上升，如延长的项目管理时间和增加的监理费用。此外，合同变更可能导致项目预算的重新分配，影响原本计划的资源分配和财务规划。在某些情况下，未预见的合同变更甚至可能导致项目资金不足，需要寻找额外的资金来源。因此，合同变更的成本管理成为水利工程项目中一个重要的考量点，要求项目管理者在考虑变更时仔细权衡成本与收益，确保项目的经济可行性和财务的稳健性。

2.2　对项目进度和质量的影响

合同变更对水利工程项目的进度和质量同样有着深远的影响。进度方面，合同变更往往意味着工程项目需要额外的时间来完成新的任务或修改现有工作。这种延迟可能是由于额外工作量的增加，或是由于变更导致的重新规划和调整。例如，增加新的工程子项目可能需要额外的设计、审批和施工时间。这些延期不仅影响项目的整体时间表，还可能与其他工程活动或外部事件（如季节性天气变化）产生冲突，导致进一步的延误[2]。质量方面，合同变更可能既有积极也有消极的影响。一方面，某些变更，如提高材料标准，可能提升最终工程的质量；另一方面，频繁或未经充分规划的变更可能导致工作流程的混乱，影响施工质量和最终产品的性能。因此，项目管理者在处理合同变更时需要仔细考虑其对项目进度和质量的影响，采取适当的策略来减轻这些影响，确保项目的顺利完成。

3　合同变更的管理与控制策略

3.1　变更请求的评估和审批流程

管理水利工程项目中的合同变更，首先涉及对变更请求的评估和审批流程。这一流程的核心是确保所有的变更请求都经过严格的审查，以评估其对项目范围、成本、时间和质量带来的影响[3]。变更请求的评估过程应当包括对变更的必要性、可行性和潜在影响的全面分析。评估过程通常由一个跨职能团队进行，该团队由项目管理人员、技术专家等组成。他们需要详细审查变更请求的技术细节、预期成本和时间表调整，并对其可能产生的直接和间接影响进行评估。这一评估应包括对项目预算和进度的影响分析，以及对项目最终质量预测。在评估完毕后上报审批。如果变更请求被批准，项目团队要及时更新项目计划和文档，包括工作分解结构、进度计划和预算。此外，审批过程应包括对变更实施的监督，以确保变更按照批准的内容进行，并评估其实施过程中存在的任何偏差。通过这一严格的评估和审批流程，可以确保所有的合同变更都是有理由、有价值，并能够有效地融入项目的总体计划中。这不仅有助于控制项目成本和进度，还有助于维护项目质量。

3.2 风险管理与成本控制策略

在水利工程项目管理中，有效的风险管理和成本控制策略对于应对合同变更带来的挑战有着举足轻重的作用。风险管理策略涉及识别、评估和缓解可能因合同变更而产生的风险。项目团队应当建立一个风险管理框架，包括风险识别、风险评估、风险优先排序以及风险缓解计划。在风险识别阶段，团队需要全面考虑所有可能因合同变更而出现的风险，包括技术风险、财务风险、时间延误风险以及合规性风险。这些风险一旦被识别，接下来需要进行定量和定性的评估，确定它们对项目可能造成的影响和发生的概率。在评估风险之后，项目团队需要根据风险的严重性和紧迫性进行优先级排序，并制定相应的缓解策略。这些策略可能包括更改设计以降低技术风险、调整预算以应对成本超支的风险，或者重新规划进度以减轻时间延误的影响。此外，风险管理还应包括持续的监控和评估，以确保风险控制措施的有效实施，并及时对新出现的风险作出响应[4]。成本控制策略则旨在确保项目成本不因合同变更而失控，这就要求项目管理团队密切监控项目支出，定期与预算进行对比，并在必要时采取调整措施。成本控制的关键在于早期识别出潜在的成本超支，并迅速采取行动以防止进一步的成本增加。这可能包括重新谈判合同条款、优化资源分配或采用成本效益更高的替代方案。综合风险管理和成本控制策略不仅可以帮助项目团队更有效地应对合同变更带来的挑战，还可以确保项目在预定的范围、时间和成本内成功完成。

3.3 沟通和协调机制的优化

在水利工程项目管理中，合同变更的有效管理在很大程度上依赖于高效的沟通和协调机制。沟通机制的优化确保了所有项目参建方及时获得关于合同变更的重要信息，而协调机制则有助于保持项目团队和利益相关方之间的一致性和协同作用。为此，首先需要建立一个全面且透明的沟通框架。这个框架应包括定期的项目会议、更新报告以及紧急沟通渠道。通过定期会议，项目团队可以讨论当前的进展，分享合同变更的状态，并协调未来的行动计划。更新报告，无论是定期还是根据需要发布的报告，均应详细记录项目的最新情况，包括任何合同变更及其影响的详细信息。此外，建立紧急沟通渠道，对于及时响应突发事件或合同的重大变更十分重要。协调机制的优化要求项目管理团队不仅要在内部保持一致性，还要与外部利益相关方（如供应商、承包商和监管机构等）保持紧密联系。因此，项目经理具备良好的谈判技巧和解决冲突的能力，以确保在合同变更过程中各方的需求和期望得到平衡。例如，当合同变更可能影响供应商的交付时间表时，项目经理需要与供应商进行有效沟通，协调新的交付计划。此外，利用现代信息技术工具（如项目管理软件和在线协作平台）可以大幅提升沟通和协调的效率。这些工具不仅提供了实时的项目更新和沟通渠道，还使远程协作和文件共享成为可能，从而加强了团队成员和利益相关方之间的互动和信息共享[5]。

4 结语

本文深入探讨了水利工程项目中合同变更的管理与控制，强调了对变更请求的严格评估和审批流程、风险管理与成本控制策略，以及沟通和协调机制的重要性。通过分析，认识到合同变更不仅会对项目成本产生显著影响，还会影响项目的进度、质量和各方利益相关者。有效的变更管理策略包括细致的评估流程和审批机制，以确保合同变更对项目目标和成果的影响最小化。此外，风险管理和成本控制策略对于预防和缓解由合同变更而引发的不确定性和潜在成本增加至关重要。而优化的沟通和协调机制则能够确保项目管理的透明度和协同效应，促进项目利益相关方之间进行有效互动。总之，水利工程项目合同变更的有效管理和控制是保障项目的顺利进行和成功完成的必要条件。项目团队应采用全面、系统的方法来处理合同变更，包括精确的评估、审慎的决策、严密的风险控制以及有效的沟通协调。通过这些措施，可以最大限度地减少合同变更对项目带来的负面影响，同时确保项目在预定的范围、时间和成本内顺利完成，满足所有利益相关方的期望和需求。

参考文献

[1] 马鸿萍. 浅谈水利工程项目的设计变更控制和管理 [J]. 甘肃农业，2014 (24)：86-87.

[2] 彭小丹. 水利工程项目施工成本控制与管理的优化探究 [J]. 城市建设理论研究（电子版），2023 (20)：211-213.

[3] 牛瑞祥. 水利工程项目施工的环境保护措施探讨 [J]. 黑龙江粮食，2023 (8)：112-114.
[4] 孙琰，蔡黎明，管胤翔，等. 水利工程项目尾工管理探索与实践 [J]. 科技与创新，2022 (21)：119-121，124.
[5] 薛宇超，赵思嘉. 加强水利施工技术的有效方法分析 [J]. 大众标准化，2022 (6)：167-169.

新疆下坂地水利枢纽工程防汛预案分析

窦爱青

（新疆下坂地水利枢纽工程建设管理局，新疆　喀什　844000）

摘　要：为达到减灾、防灾目的，规范自然灾害应急管理体系，促进工程项目对自然灾害的应急处置能力，需要面向水利枢纽工程构建防汛预案。以规范且全面的防汛预案为基础，帮助水利枢纽工程安全度过汛期。本文结合新疆下坂地水利枢纽工程，考虑工程施工现场实际特点，对防汛预案进行科学编制，概括了防汛预案编制的关键要点以及防洪调度关键任务与原则，希望能够保障工程顺利度过汛期，同时保障防大汛、抗大洪准备工作的顺利落实。

关键词：水利枢纽；防汛；预案；编制

度汛预案的编制是度汛工作积极开展的指南与依据，同时也能够为遇到超标准洪水决策提供可靠依据。汛期前可以通过安全度汛隐患排查的方式，落实防汛责任，为防汛队伍、预案以及物资落实奠定基础[1]，确保安全度汛工作的顺利开展。工作人员需要尝试加大巡查防守力度，将重点环节作为防汛基础内容，确保安全度汛目标的顺利实现。

1　工程概况

下坂地水利枢纽工程是塔里木河流域近期综合治理规划中唯一的山区水利枢纽工程。该工程位于塔里木河主要源流之一的叶尔羌河支流塔什库尔干河中下游，距塔什库尔干塔吉克自治县县城 45km，距喀什市 315km，距叶河干流控制断面卡群渠首 190km。下坂地水库位于塔什库尔干河中下游，坝址以上河长 217km，控制流域面积 9570km^2，占塔什库尔干河全流域的 95.9%。下坂地水利枢纽工程为Ⅱ等大（2）型工程，主要包括沥青混凝土心墙砂砾石坝、右岸导流泄洪兼放空洞、左岸引水发电洞和地下发电厂房等建筑物。沥青混凝土心墙坝顶高程 2966.00m，坝顶宽度 10m，坝顶长度 406m；水库正常蓄水位 2960m，死水位 2915m，总库容 8.67 亿 m^3，调节库容 6.93 亿 m^3，死库容 0.75 亿 m^3。下坂地水库设计任务是：在电站尾水断面多年向塔里木河下放生态补水量 1.84 亿 m^3，向叶河 660 万亩灌区下放春旱补水量 2.33 亿 m^3，多年平均发电量 4.644 亿 kW·h。大坝设计洪水标准为 100 年一遇，最大洪峰流量 750m³/s，设计洪水位 2963.2m；校核洪水标准为 5000 年一遇，最大洪峰流量 1310m³/s，校核洪水位 2964.6m。汛期 6—9 月，汛限水位 2960m。

2 防汛预案编制

(1) 防汛预案编制需要严格遵循安全第一的基本原则，确保所编制预案在执行过程中常备不懈，以预防为主，全方位抢险。在遵循上述要求前提条件下，构建集中领导、统一指挥、结构完整、科学处置以及反应灵敏的工程防汛应急工作机制。一旦出现设计标准区间内洪水灾害，确保整个水利枢纽工程安全度过汛期。而在出现超设计标准洪水时，能够最大限度控制洪水对人员、工程以及财产所产生损失，对损失影响进行严格控制[2]。根据人员变动，向上级主管部门核报下坂地水库安全度汛责任人，最终确定 2022 年度下坂地水库安全度汛责任人。同时，根据下坂地水库防汛工作实际，及时调整了以单位负责人为组长、副职局领导为副组长、局属各单位（处室）负责人为成员的防汛工作领导小组，防汛工作领导小组办公室设在下坂地水库管理处，负责贯彻落实自治区、塔里木河流域管理局、喀什地区、塔什库尔干塔吉克自治县各级防办下达的防汛调度指令[3]。

(2) 在水利枢纽工程防汛组织方面，由新疆下坂地水利枢纽建设管理局联合其他相关部门以及参建单位，共同构建安全度汛工作小组，由该小组负责对安全度汛工作的指挥以及应急抢险指挥工作的开展。在该小组下，设置物资保障组、抢险救援组、后勤保障组三个职能小组，负责对度汛任务进行合理分配，确保各项职能的顺利履行。

(3) 防汛物资准备方面，在汛期前准备一系列防汛物资，包括挖掘机、装载机、推土机、备用发电机、钢管桩、编织袋、救生衣、冲锋舟、水泵等。确保所准备物质充分，以顺利度过汛期。同时，对水利枢纽工程下属防汛抢险队伍进行积极锻炼与培养，提高工作人员防汛抢险教育水平，促进防汛抢险意识的提升，确保工作人员在应对突发险情时能够具备良好的反应以及处置能力，随时做好抢险准备工作，以备不时之需[4]。严格执行《防汛物资储备定额编制规程》(SL 298—2004) 要求，按照“宁可十防九空，不可失防万一”的要求，提前补充防汛物资、续签机械租赁协议，积极做好应对防大汛、抗大旱的各项准备工作，保证紧急情况时能拿得出、用得上，满足工程应急抢险的需求。

(4) 水利枢纽工程汛期如果出现较大洪水灾害，需要联动上级主管部门，对周边大中型水库进行积极大沟通，拦截洪水并达到削峰目的，使水利枢纽工程所处地区面临的洪峰流量得到合理控制。同时，对水利枢纽工程沿河两岸进行引水涵闸处理，对洪水进行积极调度与引导，减小河道行洪压力，以保障防汛安全。当遭遇特大暴雨洪水或工程发生重大险情，危及大坝安全，同时通信中断，无法与上级取得联系时，启动水库大坝安全管理应急预案，采取果断措施，通过各种途径，迅速通知下游地方政府组织群众安全转移，同时采取已批准的非常措施，确保大坝安全后应立即报告上级主管部门。

（5）水利枢纽工程施工期间，需要依赖水文处对水情和气象工作进行深入研究，借助于洪水预报系统为相关职能部门提供水利枢纽工程施工期间水情日报信息，及时掌握水情和雨情变化情况，为领导小组防汛决策的开展奠定可可靠基础。同时，提供流域内主要水库、河道观测站以及闸坝的水位、流量信息，确保水雨情信息能够在第一时间得到反应与掌握。

3 防洪调度的任务与原则

（1）防洪调度的任务。根据初步设计阶段工程设计确定的枢纽工程设计洪水、校核洪水、防洪调度方案及各特征水库对入库洪水调蓄，确保工程安全，拦蓄洪水，削减洪峰，减免洪水灾害，并为非汛期农业用水储备水源。遇超标准洪水，应首先保障大坝安全，并尽量减轻下游的洪水灾害。

（2）调度原则。第一，主要在保证枢纽工程安全的前提下，减少下游河道防洪损失。第二，按设计确定的洪水标准，以多蓄库多供水，少弃水为目标进行洪水调度[5]，服从自治区水利厅、塔里木河流域管理局调度。第三，下坂地水库为了枢纽建筑物安全，采用敞泄方式进行防洪调度，需要控制最大下泄流量小于本次洪水的洪峰流量，以免对下游造成人为的洪水灾害。第四，重视防洪非工程措施，总结水库历年洪水调度经验，利用水雨情监测与预报预警系统，对洪水进行科学调度[6]。

（3）防洪调度方式。塔什库尔干河的洪水主要是由于气温升高，冰雪消融形成的融雪型洪水，也会发生概率较小的暴雨型洪水。融雪型洪水洪峰流量年际变化不大，不同时段洪量的平均流量基本接近[7]。暴雨型洪水一般规模和量级都较小，出现的频率也低。确定下坂地水库洪水调度方式为：①汛期正常情况下，在确保下游河道防洪安全要求时，水库水位维持汛期限制水位 2960m 以下运行；②当洪水流量小于等于 750m^3/s，由底孔泄洪洞泄洪，并尽快降至汛限水位以下；当洪水流量大于 750m^3/s 时，水库蓄洪、底孔泄洪洞与表孔侧槽溢洪道泄洪，水库防洪转为确保大坝安全调度。

（4）汛期洪水调度。2023 年 3 月，塔里木河流域管理局批复了《2023 年下坂地水库调度运行计划》，为水库年度调度运行提供了重要依据。根据批复的计划，汛期洪水调度情况如下：6—9 月汛期。替代平原水库蓄水，按月平均出库水量不少于 25m^3/s 的流量放水量（出库水量日均变幅不大于±20%），满足叶河卡群断面多年平均下放塔里木河的生态水量，以及灌区各节点的工农业需水量要求。6—9月，预计入库水量6.71亿m^3，计划出库水量1.99亿m^3，水库蓄水量可达4.72亿m^3。7—8月主汛期，根据上游来水量预测，逐渐升高库水位，水库蓄水位控制在正常蓄水位（汛限水位）2960m以下运行[8]。在不影响大坝安全的情况下，有效拦蓄9月汛末洪水，尽可能多蓄少泄。预计在9月末库水位达到2959.55m左右、库容约7.59亿m^3，为冬灌及来年春灌用水储备水量，发挥水资源综合效益。

4 结束语

本文结合新疆下坂地水利枢纽工程，考虑工程施工现场实际特点，对防汛预案进行科学编制，概括了防汛预案编制的关键要点以及防洪调度关键任务与原则，认为防汛预案编制需要严格遵循安全第一的基本原则，确保所编制预案在执行过程中常备不懈，以预防为主，全方位抢险。同时，水利枢纽工程施工期间，需要依赖水文处对水情以及气象工作进行深入研究，借助洪水预报系统为相关职能部门提供水利枢纽工程施工期间水情日报信息，及时掌握水情和雨情变化情况，为领导小组防汛决策的开展奠定可靠基础。希望通过以上分析能够保障工程顺利度过汛期，同时保障防大汛、抗大洪准备工作的顺利落实。

参考文献

[1] 张希，雒望余，赵小丽，等. 橡胶坝群联合调度防汛应急预案［J］. 陕西水利，2020（5）：84-85.

[2] 王永芳. 水利抗旱防汛工程中应急预案的重要性研究［J］. 中国科技投资，2020（19）：194-195.

[3] 王滨. 防汛抢险技术预案编制浅谈——以海河流域涵闸为例［J］. 海河水利，2017（5）：33-34，45.

[4] 甘聪颖. 浅谈海南省水库防汛应急预案信息化建设［J］. 科学与信息化，2019（23）：149.

[5] 刘海洋. 浅谈广东省大中型水库防汛抢险应急预案编制工作的实施及建议［J］. 广东水利水电，2007（5）：83-84，87.

[6] 陈小龙. 基于WebService与WebGIS的数字防汛预案应用管理平台的研究与实现［J］. 陕西水利，2012（6）：30-31.

[7] 胡泽浦. 防汛预案的地位作用和编制原则［C］//中国土木工程学会. 中国土木工程学会城市防洪2008年学术年会论文集. 北京：中国土木工程学会，2008：199-202.

[8] 孙红环. 南京城区防汛预案编写的思考［C］//中国土木工程学会. 中国土木工程学会城市防洪2008年学术年会论文集. 北京：中国土木工程学会，2008：203-206.

水库泄洪决策模型研究及其对水利工程运行的影响

王江彦

（新疆下坂地水利枢纽工程建设管理局，新疆　喀什　844000）

摘　要： 水库泄洪决策是水利工程管理中的重大挑战，其直接关系到水资源的合理利用和下游地区的安全。本文深入研究了水库泄洪决策模型的原理与应用，并探讨了这些模型在提高水利工程运行效率、降低运维成本及保护下游生命财产安全方面的积极作用。通过对常用泄洪决策模型的分析，本文旨在为水库管理者提供科学合理的泄洪操作指导，同时评估各种模型的适应性和有效性。研究结果表明，合理运用泄洪决策模型可以显著优化水库调度，平衡水资源供需关系，并在维护生态环境的同时保护人类社会经济活动不受自然灾害的威胁。

关键词： 水库泄洪；决策模型；水利工程；运行效率；成本优化；生态保护

随着全球气候变化的加剧，极端气象事件（如洪水灾害的频发）对人类社会造成了巨大的威胁与损失。水库作为流域水资源管理和防洪减灾的关键基础设施，其泄洪决策对于保障下游区域安全、维护生态环境平衡以及促进经济的可持续发展担负着重要的角色。在这种背景下，水库泄洪决策模型的研究和优化显得尤为关键。基于精确的预报信息和高效的计算工具，科学有效的泄洪模型能够最大限度地减少洪水可能带来的损害，同时合理利用水资源。然而，泄洪决策涉及多目标综合权衡，包括洪水控制、供水保障、生态需水等多方面的考虑，如何构建一个既能反映实际操作也能满足复杂系统要求的泄洪模型是当前研究的核心问题[1]。在不断增长的计算能力和先进算法的推动下，一系列新兴的数学模型和决策方法被应用于水库泄洪操作中，这些方法往往需要处理复杂的数据输入和众多影响因子间的非线性关系。此外，随着信息技术在水利领域的深入应用，如何将传统模型与现代技术相结合，提升泄洪决策的时效性和准确性，已经成为了众多学者和工程技术人员努力的方向。因此，本文将系统地分析水库泄洪决策模型的发展，详细讨论各类模型的原理、应用现状以及评价准则，并探究其对水利工程运行的深刻影响。

1 水库泄洪决策模型研究

1.1 泄洪决策模型的基本原理

泄洪决策模型旨在确定如何在洪水期间通过调整水库出流量来控制水位，以达到减轻下游洪峰影响、确保水库大坝安全和保护下游生态环境等目的。该决策过程通常基于对来水流量的预测、当前水库水位、下游河道容量以及防洪标准等因素的综合考量，并通过模拟预报与实时操作相结合的方式进行。泄洪模型需要依赖精确的降雨-径流模型来预测未来的入库流量，并根据水文情景动态调整泄洪策略[2]。在实践中，模型还必须考虑法规约束、工程操作限制以及各项用水需求，这使得泄洪决策模型在设计时必须具备高度的灵活性和适应性。从理论上讲，泄洪决策模型的构建通常涉及多目标优化问题，其中诸如水库安全运行、防洪效益最大化及生态环境保护等目标可能存在某种程度的互斥性。为了解决这一矛盾，现代泄洪模型多采用模糊逻辑、神经网络或者其他智能算法辅助决策，这些算法能够在不确定性条件下提供更为可靠和灵活的决策支持。例如，通过引入模糊集理论，模型可以模拟专家经验并处理模糊和不精确的信息，以便于在不完全信息下做出更加鲁棒的决策。

1.2 目前常用的水库泄洪决策模型

当前常用的水库泄洪决策模型主要包括基于规则的调度模型、模拟-优化模型和实时控制模型。基于规则的调度模型依托经验和历史数据定义一系列泄洪规则，如标准蓄满放空规则、调节性泄洪规则等，这些规则简单直观，便于操作，但在极端或不同寻常的情况下可能不够灵活。模拟-优化模型则通过计算机模拟水文、水力以及相关系统特性，并结合优化算法（例如遗传算法、粒子群优化等）搜索最优泄洪策略，该类型模型能够在考虑到复杂水文过程和制约条件下提供优化解。实时控制模型强调基于实时数据的模型更新与决策制定，在这类模型中，预测-反馈机制是关键，即模型将不断接收新的监测数据和预报信息，实时调整泄洪策略以适应实际情况的变化。

1.3 模型选择与评估准则

在众多泄洪模型中选择一个合适的模型并非易事，这需要综合考虑模型的适用性、准确性、灵活性和可操作性。模型的适用性指的是模型是否能够适应特定水库的物理特性和操作要求；准确性是指模型在泄洪预测和控制中的精确程度；灵活性体现在模型能否适应不同的输入变量和环境变化；可操作性则涉及模型在实际操作中的易用性和经济性。评估模型性能的准则通常包含误差分析、历史模拟匹配度、敏感性分析和稳健性测试等方面。误差分析能够量化模型预测的准确度，历史模拟匹配度检验模型对过去事件的再现能力，敏感性分析揭示模型输出对关键参数变化的响应度，而稳健性测试则关注模型在极端或不确定条件下的表现。

2 水利工程运行中的决策模型应用

2.1 水库调度与洪水控制

在水库调度和洪水控制领域，决策支持模型是避免或减轻洪灾损失的关键工具。这些模型通过分析各种水文气象情景，预测可能发生的洪水事件，并据此调整水库蓄放水策略，以优化水资源的综合利用和最小化洪水灾害的潜在影响。精细的调度模型不仅能够详尽计算流入与蓄存水量之间的复杂关系，还能够实时反馈调整泄洪门开启程度，确保下游河道流量处于相对安全的水平。如此精确的控制能力源自模型对各种动态输入数据的高度响应性，例如来水流量、水位变化率以及预期降雨量等因素全都会即刻被纳入考量范围内，并通过模型对未来情景进行模拟，为决策者提供科学的操作建议。进一步地，现代水库泄洪模型利用先进的信息技术，结合遥感、地理信息系统（geographic information system，GIS）和监控与数据采集（supervisory control and data acquisition，SCADA）系统等手段进行数据收集和处理，这使得模型能够更加快速和准确地响应紧急情况[3]。例如，在强降雨或台风逼近时，实时更新的水文预报将直接影响水库的操作策略。灵活而迅速的调度决策在许多情况下成功防止了可能的溃坝事故，并显著减少了洪灾对人民生活和财产的威胁。

2.2 水资源调配与供需平衡

水资源调配作为水库管理的另一重要方面，涉及水的存储、供给和多方用水权益的平衡。有效的水资源调配决策模型可以优化水电站发电、农业灌溉、城市供水及工业用水等多种用途之间的水量分配。通过对流域内不同用户的需求进行模拟分析，这些模型能够根据既定的政策和优先级，以及水资源的可用性和可再生性，协调各个利益相关方的水使用。特别是在干旱季节或水资源短缺时期，模型会优化调度指令，以保证基本生活用水和关键经济部门的水需求得到满足，同时考虑到长期的水资源可持续管理。水资源调配决策模型的核心在于制定一套合理的规则，这些规则需要在考虑历史数据、气候变化趋势以及社会经济发展的基础上，预测未来的水资源供需情况并作出应对。例如，通过设置淡水湖或地下水库的蓄水量目标，并针对不同时间段调整输水方案，这样的措施在保障饮用水安全的同时，也有助于平抑旱涝带来的市场波动和社会冲击。

2.3 生态环境保护与修复

生态环境保护与修复已成为水库泄洪决策模型考量的重要组成部分。生态流量，即保持河流生态系统健康所需的最小水流量，已经被广泛认识为必须考虑的关键参数。现代泄洪决策模型融合生态学、水文学和环境工程等多学科知识，能够评估不同泄洪方案对沿岸和河流生物群落的影响，并试图找到一个既能实现洪水控制，又能保护和修复生态系统的平衡点。通过模拟自然的水文周期，这些模型旨在重新创建河流的自然流态，以促进生态环境的恢复和保护。在实践中，生态环境保护与修复所需的决策支持模型不仅要求泄洪操作尽可能模拟天然河流的变化，还需要评价不同泄洪方案对水质、水温以及河床河岸结构的影响。例如，通过保持一定的蓄水水位和泄洪频率，可以创造适宜某些特定水生动植物生长的条件，同时也有助于河岸植被的稳定和土壤侵蚀的控制。精确的泄洪模型能够确保即使在人类活动密集的区域，生态系统也能得到适当的保护，从而支撑起生物多样性和环境的持续健康。

3　水库泄洪决策模型对水利工程运行的影响

3.1　提高水库泄洪效率和安全性

泄洪决策模型对于提高水库泄洪的效率和安全性起着至关重要的作用。通过精确的模型预测和科学的调度策略，水库可以在保持必要蓄水量的同时，有效地降低洪峰高度，避免洪水对下游造成的损害。这种优化泄洪策略的做法，不仅提升了水库泄洪操作的效率，减少了水资源的浪费，而且大幅提高了水库及其下游地区的安全性。比如，通过实时监测和动态调整泄洪量，可以确保水库的防洪能力不会因突发性大流量入库而受到威胁。除了防洪安全外，高效的泄洪操作对于维护水库设施的安全也至关重要。运用先进的决策支持模型，可以有效预防由于水库超汛限水位导致的非计划溢洪事故，在极端天气事件下保障水坝结构安全无虞。例如，通过对不同降雨情景的模拟预测和风险评估，决策模型能够引导运营者在保障安全的前提下，实施最优的泄洪操作，既保护了水库大坝和辅助设施免受损害，也为应对气候变化和极端气象事件提供了可靠保障。

3.2　优化水利工程的运行成本

水库运行成本的优化是实现水资源可持续发展的关键因素之一。精良设计的泄洪决策模型通过算法优化和自动化控制减轻了对人工参与的依赖，从而降低了劳动力成本和潜在的人为错误风险。此外，模型能够辅助确定更为经济的泄洪量和时机，减少不必要的水损耗。例如，在洪水季节，合理调配泄洪与发电之间的关系，能够为电厂提供稳定的水流，确保水电发电效率，节省能源成本并增加收益。同时，模型也计算预留足够的空间以应对未来可能出现的洪水，从长远角度避免由于应急泄洪导致的过高的额外运营成本。在提升操作效率和降低不确定性方面，决策模型还具有显著的成本效益比。通过对历史数据和未来趋势的分析，这些模型能够预测水库面临的各种风险，并制定相应的最佳操作方案，从而减少因应对突发事件而导致的紧急调度成本。无论是长期的设施维护计划，还是响应突发天气事件的临时泄洪操作，精确的模型都能为决策者提供有力的支持，确保在成本控制的同时，最大限度地发挥水库的综合效益。

3.3 保护下游区域的生命财产安全

水库泄洪决策模型对于保障下游区域的生命财产安全起着至关重要的作用。当洪水来袭时，准确的泄洪模型可以帮助运营者合理调整水库蓄水量和出流量，有效控制洪峰，防止或减缓洪水对下游地区造成的冲击。该模型同样能指导预留足够的容错空间，即使在极端情况下，也能够快速响应，最小化洪涝灾害的危害，确保下游居民生命安全和财产不受或少受影响。这一点在多雨季节或面对气候变化增加的极端气候事件时尤为显著，模型的应用显著提高了水库防洪系统的预警和响应能力。除此之外，模型的应用还有助于减少因洪水导致的农业损失、基础设施损毁以及其他经济活动的中断。通过对洪水路径和蔓延范围的预测，相关部门可以提前采取措施，如加固堤坝、疏散居民以及关闭关键基础设施等，从而有效降低灾害风险。泄洪决策模型的进步不仅体现在技术层面，更在于其给予人们面对不确定未来洪水风险的信心与准备。

4 结论

研究表明，水库泄洪决策模型在水利工程运行中扮演着核心角色，能够优化水库调度，提升泄洪效率和安全性，同时也为水资源的合理调配和生态环境的保护提供了强有力的工具。这些模型的普及应用，不仅降低了水库运营的成本，还显著提高了对下游生命财产安全的保护水平。综上所述，深化水库泄洪决策模型的研究与应用，对于实现人类与自然和谐共存、构建可持续发展的水资源管理体系具有重要意义。未来，应进一步强化模型的集成和应急响应能力，以及增强其对于气候变化和极端事件的适应性，以满足日益增长的全球水管理挑战。

参考文献

[1] 段唯鑫. 汉江流域控制性水库调度运行及影响研究 [D]. 武汉：武汉大学，2017.

[2] 房林东. 漳卫河流域洪水预报模型及水利工程调控影响问题研究 [D]. 天津：天津大学，2017.

[3] 韩刚. 人工神经网络在水库水位预测和泄洪决策中的应用 [J]. 水利科学与寒区工程，2023，6 (5)：92-95.

浅谈新疆下坂地水利枢纽工程建设管理局归档文件整理工作

薛康惠

（新疆下坂地水利枢纽工程建设管理局，新疆　喀什　844000）

摘　要： 本文通过对《归档文件整理规则》学习理解，结合新疆下坂地水利枢纽工程建设管理局档案整理工作的实践积累，浅淡归档文件整理工作的重点。

关键词： 归档文件；分类；整理

为适应档案管理现代化的需要，新疆下坂地水利枢纽工程建设管理局（以下简称“下坂地建管局”）依据国家档案局发布的《归档文件整理规则》(DA/T 22—2015)[1]（以下简称《规则》），在传统立卷方法的基础上进行了改革，归档文件采用件级管理。本文将通过对《规则》的学习理解，结合在下坂地建管局文件材料收集、整理和归档工作的实践，浅谈归档文件的整理工作重点。

1　文件材料归档前的准备工作

1.1　确定文件材料归档范围

（1）编制本单位文件材料归档范围和保管期限表。依据《机关文件材料归档范围和文书档案保管期限规定》，结合单位内设机构职能编制了“下坂地建管局文件材料归档范围和文书档案保管期限表”，便于工作中遵照执行。

（2）注重应归档文件材料收集。收集工作是整个档案工作中的重要环节，也是保障下坂地建管局档案库藏数量的重要途径。文件材料收集齐全与否直接影响档案日后借阅和有效利用，收集工作重点完成在册登记和零散文件的收集，重要会议和重大事项的内容在办理完毕后及时收集，确保资料齐全完整；加强收文和发文对接，对未办理完毕或跨年度的材料按照时间节点及时催交；收集办理完毕的应归档文件。

1.2　归档文件的质量要求

归档文件材料的质量从源头抓起，依据国家规范结合本单位实际，制定了

《下坂地建管局文件材料整理实施细则》《下坂地建管局公文处理管理办法》并下发执行。对文件材料的形成到办理完结归档有明确的规定。首先，文件材料纸张规格统一使用国际标准 A4 型；不能用铅笔、圆珠笔、纯蓝墨水、红墨水、复写纸等不耐久的字迹材料；拟稿纸上的各栏目内容应填写清楚，领导签发手续要完备，确保文件材料形式符合规范要求。文件材料的形成环节即通常所称的“第一手材料”，是“原始记录”和“原生信息”，具有凭证作用。其次，文件材料归档应为原件，复印件是经过二次或多次生成的，而不是原生的，不能作为档案存档，平时收集文件材料必须是原件。但有些原件是传真件（如热敏纸等），必须复印，应将传真件与复印件一起留存，复印时应单面复印，墨粉不易太重，防止字迹粘贴在一起，不利于保管，尽力做到“原件”的留存或在复印件上标识此件与原件相符的印章。最后，文件材料的份数要求，下坂地建管局自身形成的公文应留存两份，一份与定稿合为一件归入文书档案，另一份形成发文汇编；属于归档范围内的一些上报信息材料，如简报或专题等，收集两份，上报一份，留存一份归档。

1.3 鉴定文件材料保存价值

文件材料收集完成后鉴定其保存价值，哪些是属于需归档的文件材料，鉴定其保管期限；哪些是资料，避免鱼目混珠现象。文件材料是档案的前身，档案是由有保存价值的文件材料有条件转化而来的，并不是说所有的文件材料全都是档案。只有具有保存价值的文件材料才能转化为档案，反之没有保存价值的文件材料就不能转化为档案，也就不应作为档案保存。例如，重份文件、无查考利用价值的事务性和临时性文件。

1.4 文件材料的接收

下坂地建管局综合档案室在接收归档文件材料时细致核查，重点检查应归档文件材料准确性和完整性，与纸质档案相呼应的其他载体档案（照片或光盘）是否归档，档案管理人员检查无误的情况下，填写“归档文件接收移交单”，一式两份，交接双方认真填写相关内容并办理移交手续，作为交接凭证。

2 编制归档文件分类方案

根据《归档文件整理规则》，结合下坂地建管局实际情况及每年形成文件（内部行文和外部收文）数量和内部机构设置及变动情况，在规范条款中不限定“年度、保管期限、机构（问题）”组合分类方案的先后顺序情况下，选择年度和保管期限两级分类方法，同时固定了全宗内分类体系，明确了档号编制结构（全宗号-档案门类代码·年度-保管期限-件号）。例如，2022 年度永久档案的档号为：全宗- WS·2022·永久-件号。此分类方案将保持相对稳定、具有延续性、不因单位内设机构增减，档案人员调整而随意变动。

3 注重文件材料整理环节

下坂地建管局归档文件材料集中到办公室档案部门由专职档案人员整理，日常应归档文件材料由各职能部门兼职档案人员收集，次年3月前兼职档案人员向档案部门移交本部门应归档文件，最后由档案室集中整理、归档入库。相关职能部门产生的应归档文件材料集中到办公室档案部门专职档案人员整理的优点是，可充分发挥办公室文秘部门熟悉本单位、各职能业务部门综合工作情况，了解文件处理流程，有利于提高归档文件整理质量和工作效率。

3.1 归档文件的整理与件的确定

装订是归档文件整理的基础环节，采用符合保护要求的装订材料，将归档文件以“件”为单位固定在一起，通过装订，从实体上将归档文件整理的基本单位按“件”确定下来。

3.2 归档文件的排列

归档文件的排列是指在分类方案的最低一级类目内，确定归档文件先后顺序的过程。本着“事由原则”，遵循文件的形成规律，保持文件之间的有机联系。在分类方案的最低一级类目内，按事由结合时间、重要程度等排列。

(1) 同一事由内归档文件排列。最简单的方法是按文件形成时间的先后顺序，或者按文件重要程度排列。

(2) 不同事由归档文件排列。可按不同事由形成时间的先后顺序排列；按事由的重要程度排列，将主要职能或重要活动形成的文件材料排在前面，其他工作形成的文件材料排在后，或将综合性工作形成文件材料排在前面，具体业务工作的排在后面；按事由具有共同属性分别集中排列，按责任者或者承办部门集中排列；或按照不同问题分别集中排列。若排列方式相对固定就按事先规定排列文件的先后顺序。

3.3 归档文件的编号

归档文件的编号是指将归档文件在全宗中的位置标识为符号，并以归档章的形式在归档文件上注明。编号是编目工作的起点和基础，目的是反映分类、排列这些系统化工作的成果，通过编号使归档文件在全宗中的位置得以确定，并为后续的存取提供条件。

归档章内填写齐全，字迹材料应耐久，归档章采用红色印泥加盖在文件首页上端居中的空白位置上。归档章内“年度”是指归档文件的形成年度，以四位阿拉伯数字标注。件号是在分类方案的最低一级类目内，按文件排列顺序从“0001”开始标注。件号编写前应查检归档材料是否齐全、排列是否有序，尽量避免件号涂改或者作为零散文件处理。“保管期限”分为永久、定期30年、定期10年，分别以代码“Y”“D30”“D10”标识。“机构（问题）代码”为选择项，下坂地建管局在分类方案舍去，采用了年度—保管期限两级分类方式。“页数”是每一件归档文件的页面总数，文件中有图文的页面为一页。

3.4 归档文件的编目

编制归档文件目录是按照分类、排列逐件编制目录，包括序号、档号、文号、责任者、题名、日期、页数和备注等项目。其中“序号”是归档文件顺序号。“档号”按照档号编制规则填写。“文号”应照实抄录不得省略。“责任者”是文件的发文机关或署名者。一般应使用全称或通用简称，不能使用“本部”“本局”等含义不明、难以判断的简称。联合发文时一般应将所有责任者照实抄录，责任者过多时可适当省略，但立档单位是责任者的必须抄录，以体现“以我为主”的原则。内部文件等“白头文件”，由于各种原因，常会出现未署责任者的情况，编目时应尽量根据文件内容、形式等特征加以考证并填写。一般情况下，文件只有一个题名，填写时应照实抄录，有的文件还有副题名或并列题名，在正题名能够反映文件的内容时，副题名一般无须抄录。并列题名需要时与正题名一并抄录。有的文件没有题名，或题名含义不清，不能揭示或不能全面提示文件内容，应根据文件内容重新拟写或补充标题。并在新拟或补充标题之外加［ ］。“日期”即是文件的形成时间，用8位数字标注，有的文件上未注明日期，编目时应根据文件内容加以考证并填写。“页数”是每一件归档文件的页面总数；“备注”注释文件需说明的情况。归档文件目录填写正确和完整与否关系到检索条目的可靠性和实用性，也决定了归档文件的质量。

3.5 档案的装盒及排架

装盒包括将归档文件按件号顺序装入档案盒、填写备考表、编制档案盒面及盒脊项目等工作内容。装盒时按照件号顺序，确保归档文件目录中相应条目排列顺序相一致，检索文件条目后能对应找到档案实体。具体要求包括：①不同形成年度的归档文件不应放入同一档案盒；②不同保管期限的归档文件不应放入同一档案盒。档案盒规格尺寸、质量应符合档案标准，“备考表”中“整理人、检查人”的填写应有本人签字，以示明确责任和对整理质量的监督检查。归档文件装盒后进入档案库房排列上架，要与文件分类方案保持一致，避免频繁倒架，便于档案实体管理。

4 计算机辅助归档文件整理

为适应下坂地建管局办公自动化及档案管理信息化的需求，在文档管理管理中要做好以下几项工作：

（1）严格登记。对来往行文、内部文件、会议文件等逐件进行收发文登记，是保证文件收集齐全完整的一项重要措施。

下坂地建管局在办公自动化系统上对收文登记、文件传阅和归档环节均有一套完整的流程，系统对收文自动统计并形成台账，做到收文登记准确详细。

（2）档案数字化工作。依据《纸质档案数字化技术规范》（DA/T 31—2017）[2]，对保管期限为永久和 30 年的全部纸质档案全文扫描，扫描分辨率达到 300dpi，确保图像清晰、完整；对分幅扫描的多幅数字图像进行拼接处理，合并为一个完整的图像，保证纸质档案数字图像的整体性，拼接时达到拼接处平滑融合，拼接后整幅图像无明显拼接痕迹。同时在计算机上科学建立纸质档案数字图像的存储路径，确保数据挂接准确。下坂地建管局配置了光典智慧档案室应用管理软件，能科学、高效管理档案，根据档案管理软件中设置的项目，包括档案号格式、实体分类、文件级目录和数据库结构等，对保管期限为永久和 30 年（长期）的数字加工档案与归档文件条目准确挂接，有效管理档案目录数据和电子档案（含数字化成果），满足档案查询、统计、利用等，以适应档案管理现代化和计算机检索的需要。

（3）电子文件管理。按照《电子文件归档光盘技术要求和应用规范》（DA/T 38—2008）[3]，归档文件确保纸质文件和电子文件同步归档，档案管理数据库及时备份，已归档的电子文件按年度和保管期限将文件原数据信息拷贝至可脱机保存的光盘（档案级光盘）和移动硬盘上备份存档，以确保数字图像、档案目录数据、元数据的安全。

参考文献

［1］ DA/T 22—2015 归档文件整理规则［S］
［2］ DA/T 31—2017 纸质档案数字化技术规范［S］
［3］ DT/T 38—2008 电子文件归档光盘技术要求和应用规范［S］

新时期水利档案管理工作新思路研究

刘艺洁

（新疆下坂地水利枢纽工程建设管理局，新疆 喀什 844000）

摘　要：本文以新时期水利档案管理如何发挥应有的作用为出发点，对水利档案管理中存在的问题进行探讨，提出新时期改进水利档案管理的若干措施，希望能在新时期为水利档案工作提供参考。

关键词：新时期；水利档案；档案管理

在新时期推进新质生产力的新要求下，我国很多的水利工程建设管理、水资源管理、流域管理等单位的水利档案管理工作，仍有待进一步统一进行制度化、规范化、标准化，达到为事业发展提供有力支撑的积极作用。如水利科技档案普遍按照项目申报、立项、施工过程、质量评定、验收鉴定等程序建立、整理和归档科技档案，水利科技档案的收集是否齐全、组卷顺序是否合理、内容是否翔实均未得到统一的审核与评定，同时，工程建设领域的新技术、新方法等内容往往得不到很好的宣传推广，水利档案的借阅利用不能发挥应有的作用，在档案审核审查、借阅利用的过程中水利科技档案也不能得到有效的利用与保存。

1　新时期水利档案管理工作中存在的问题

（1）水利行业从业者管理人员对档案管理工作认识不足。在部分水利工程建设管理、水资源管理、流域管理等单位的管理者认知中，认为水利档案管理仅仅是一项辅助性工作，对于工程建设、水资源管理、调水调沙等工作帮助不大，没有必要投入太多的人力物力，造成一些不必要的浪费，水利行业单位管理者对水利档案管理工作缺乏应有的重视，从而导致相关档案管理工作规划、制度欠缺实施力度，造成水利行业单位水利档案管理工作实施的有效性相对缺乏。

（2）新时期信息化技术快速发展，信息化的发展也对水利行业科技档案管理工作产生了深刻影响，越来越多的水利行业单位配备了档案管理相关的信息化设备，对水利档案管理工作的信息化改革奠定了坚实基础。但目前，新疆水利行业单位科技档案管理工作的信息化水平普遍较低，传统纸质档案远多于电子档案，且不论是纸质档案还是电子档案，规格不一、格式不完善的情况十分普遍，给今后科技档案借阅、利用、保存等都带来一定阻碍。就电子档案而言，虽然它不受时间和空间的限制，通过存储、复制、下载等方式就可加以有效利用，但格式不完整、数据格式不统一等问题将影响档案利用者的检索、下载与利用，由此可见强化水利科技档案管理的规范化与信息化建设势在必行。

(3) 水利档案管理制度不完善。目前，由于水利档案管理制度的不完善，缺乏水利行业档案具体的实施细则与明确的档案管理目标，从而导致了水利档案管理工作常常出现混乱的现象，比如档案大纲不合理、档案编号不规范、案卷标题混乱，而且很多水利档案卷内目录填写五花八门，在利用时存在诸多困难。另外在档案的收集、保存、借阅等环节出现较多纰漏，严重影响了水利档案材料的使用价值。还有许多水利行业单位普遍存在档案管理人员只重视档案的整理，忽视了档案的收集环节，导致许多档案不能及时收集建档，如果出现档案管理人员工作调整、调动等情况时，极易出现资料丢失、无法建档、建档混乱、无法利用等情况。

(4) 水利档案管理人员素质水平参差不齐。新疆大部分水利单位的水利档案管理人员能力及管理水平相对较高，对新时期水利档案事业的发展起到了积极促进作用。但是还有一小部分水利档案管理从业者文化水平相对较低，档案管理经验也比较匮乏，水利档案管理人员水平参差不齐。新时期，水利档案管理工作对水利档案管理专业技术人员整体专业素质提出了更高的要求，水利档案管理工作不能光是简单的整理文件、编号、归档。由于各类型水利行业单位管理者对水利档案管理工作的认识不到位、重视程度不够，普遍存在水利行业档案管理人员多为临时聘用人员，录用门槛低，学识水平不够，导致水利档案管理人员专业素质偏低，不能适应新时期信息化的高速发展对档案管理工作的要求，严重制约了水利档案资料的利用效率。

(5) 水利档案利用过程中档案检索效率低下。水利档案利用检索档案主要存在两种方式，人工检索和计算机检索，虽然计算机检索在检索速度和效率上具有较大的优势，但是在新疆水利档案管理工作中，因信息化加工率较低，人工检索依然是最重要的检索方式之一[1]。人工检索不仅检索效率低下，而且不可避免地会出现错误。另外，由于水利单位在档案管理中的硬件投入不足，导致许多计算机检索软件匮乏，数据库建设老旧，计算机检索的巨大优势不能有效发挥。这些都严重影响了档案检索效率，对水利档案的开发与利用极为不利。

2 新时期做好水利档案管理工作的对策措施

新时期，水利档案管理工作存在诸多问题，严重影响了水利档案管理工作的正常有序开展，不利于发挥档案信息的作用。针对上述问题，提出以下解决办法。

2.1 提高水利行业单位管理者对档案管理工作的认识

随着我国经济社会的快速发展和国家社会治理方式的深刻变革，档案工作发挥的作用越来越大，同时也面临着前所未有的机遇和挑战。应通过认真学习贯彻习近平总书记对档案工作的重要指示批示精神，严格遵循档案法律法规和规章制度，加强《中华人民共和国档案法》（以下简称《档案法》）的学习，提高依法管档的自觉性。《档案法》规定：档案工作实行统一领导、分级管理的原则，维护档案的完整与安全，便于社会各方面的利用。这就要求水利行业单位领导要充分认识档案管理工作的重要性，在日常工作中大力宣传《档案法》，明确档案工作的重要性，使干部职工充分认识档案工作与水利工程建设管理、水资源管理的密切关系，促进全员档案意识格局的形成，形成依法管档、科学管档的局面。

2.2 提高水利档案管理信息化建设管理水平

新时期，信息化是推动水利档案管理工作发展的有效武器。要提高水利行业单位水利档案信息化建设管理水平，首先要加大水利档案管理信息化投入、硬件规范化建设，提高计算机、高精扫描设备、数据库硬件建设、安全设备建设等在水利档案建设管理中的比重，建立统一平台、统一数据模式等便于行业系统统一管理的水利档案管理系统软件，借助互联网＋、云安全数据库、本地数据网络专线、计算机管理等手段，积极推进纸质版水利档案向电子版水利档案迈进，加快提升档案数字化率，将水利档案管理全面推向信息化，对完善水利行业“一张网”“一张图”等数字流域（工程）、智慧流域（工程）等信息管理系统具有非常重要的作用。

2.3 建立健全水利档案管理制度，实现档案管理制度化、规范化

水利档案管理制度是水利档案管理工作的有效保障，水利档案管理工作的开展和运行要有完善的管理制度要求作为保证[2]。水利行业单位在制定水利档案管理制度时，要以规范作先导、定大纲，要保证其合理性和科学性，满足水利档案自身情况和水利档案管理工作要求。提高管理制度的可操作性，制定详细的水利档案管理流程，规范水利档案管理中信息收集、存档、借阅和保密等每一个环节。针对水利工程建设类档案、水文水资源管理类档案、流域管理类档案等水利分类档案的特点，形成不同的水利档案规范制度。

2.4 提高水利档案管理人员专业素质水平

要做好水利档案管理工作，首先在水利档案管理人员的岗位安排、人员聘用上要严把质量关，提高人员招录标准，制定录用专业限制条件。另外，在档案管理人员考察时，要着重考察其政治信仰、工作作风、责任心等，加强对档

案管理人员的培训工作，提高档案管理业务水平，使管理人员工作积极性和主动性能充分发挥。一是水利档案管理人员自身要具备较强的业务素质和能力，在熟练掌握档案工作相关业务知识的同时要对水利业务相关知识进行有效掌握。二是水利档案管理人员一定要具备较强的责任心和事业心，对水利档案管理工作能够全身心地投入，要能沉下身心，踏实肯干。三是水利档案工作人员要有大局意识，使水利档案管理工作能够满足国家规定的要求，保证工作的过程中不会出现纰漏。

2.5 提升水利档案利高效检索服务

目前档案信息化建设发展迅速，建立高效的档案检索平台，提高检索速度和效率，使档案利用更加高效，是档案管理部门提供检索服务的一个重要原则。所谓高效的检索就是要在既满足档案检索服务所应遵循的原则，又符合水利档案所属门类的特点基础上，为利用者提供高效、快捷、符合需求的检索服务。制订科学、实用的档案分类方案以及分类目录，是进行高效检索的基础。了解利用者的实际需求，才能更加准确地获取检索需求，并为用户提供相匹配的检索结果。水利档案要通过提升档案信息管理系统检索的科学性与智能性，为客户端水利档案利用者提供具有针对性的信息资源，提高档案检索利用率，推动档案工作再上新台阶。

3 结语

新时期，水利档案管理工作要满足新要求。水利档案管理工作由于管理制度、管理人员素质、硬件投入等方面存在的不足，导致档案管理工作出现各种各样的问题。水利行业单位要提高对水利档案管理工作的重视水平，结合水利行业各单位实际制定并完善档案管理制度，提高管理人员专业水平，为有效发挥水利档案信息的重要作用提供保证。

参考文献

[1] 彭璐．企业科技档案高效检索的方法研究［J］．办公室业务，2018（23）：81－82，84．

[2] 王智萍．新时期基层水利档案管理措施探讨［J］．办公室业务，2015（24）：77．

水价制度改革对水库运行成本的影响研究

马　芬

（新疆下坂地水利枢纽工程建设管理局，新疆　喀什　844000）

摘　要： 本文旨在研究水价制度改革对水库运行成本的影响。通过分析水资源定价理论基础和水价政策演变，探讨了水价制度改革的背景与现状，并构建了相应的理论模型。在实证分析中，选择了具体案例并收集了相关数据，以评估水价改革对选定水库运行成本的实际影响。研究结果表明，水价制度改革对水库运行成本产生了显著影响，需要进一步完善水价机制，并采取措施促进水资源的可持续利用。

关键词： 水价制度改革；水库运行成本；水资源定价；理论模型

随着人类社会的发展和对自然资源的日益依赖，水资源作为一种无可替代的自然财富，其合理定价与高效利用已经成为各国政府和科学家研究的重点问题。在我国，水资源短缺的问题尤为突出，特别是在干旱与半干旱地区，如何通过水价制度改革来优化水资源配置、刺激节水意识，进而影响水库运行成本，已经显得尤为迫切。由于水库作为重要的水资源调控工具，在农业灌溉、城市供水、防洪减灾等方面都扮演着关键角色，因此，研究水价制度改革对水库运行成本的影响具有重大的理论和实践意义。水价制度改革不仅关系水资源的有效管理，还涉及广泛的社会经济领域，因此该领域的研究往往复杂且多维度。当前，随着我国经济的持续快速发展和工业化、城镇化进程的不断加快，水资源的需求日益增大，水资源供需矛盾逐渐加剧。因此，深入分析水价制度改革对水库运行成本的直接及间接影响，能够为制定更加合理、高效的水资源管理政策提供科学依据，同时也为水库的经济运行提供了新的视角和方法。

1　水资源定价理论基础

水资源定价理论是研究水资源经济属性、使用行为及其价格机制的重要理论基础。水资源定价不仅涉及经济学中的供给和需求理论，还包含外部性、公共品理论和边际成本定价原则等多方面内容。在实际应用中，在理论的引导下，水价的设立通常考虑水资源的稀缺性、替代成本和环境成本等因素。这些理论指导下的水价制定，旨在通过市场手段调节水资源供需，实现资源的保护与合理利用。定价理论的核心之一是将水的经济价值与其生态服务价值相结合，通过价格信号传递水资源稀缺的信息，引导用户节约用水。然而，水资源定价并不是简单的经济活动，它还必须考虑社会公平性问题，确保所有社会成员均能获得基本的水资源服务。这就要求在定价机制设计时，能够恰当平衡经济效益与社会福利目标，这是一个具有挑战性的过程。

2 水价政策演变及其对水库运行的影响

水价政策的演变反映了一个国家或地区水资源管理思路和模式的变化，对水库运行的影响主要体现在经济激励与约束机制上。从最初的平均成本定价，到后来的按需定价，再到如今强调的全成本定价，每一次政策的调整都力图更精准地反映水资源的真实价值，促进水资源的合理分配和高效利用。在我国，水价政策的变迁反映了从计划经济到市场经济转型的轨迹，体现了政府在水资源管理方面的逐步深化与完善。随着水价政策的演进，对于水库运行成本产生了显著的影响。调高水价可以提高水利设施的运行维护资金，推动节水技术的更新与应用，但同时也可能增加农户的灌溉成本，影响水产品的市场价格。因此，水价政策设计时需要兼顾经济效率与公平性，同时考虑不同地区、不同用户群体的实际情况，避免过高或过低的水价造成资源浪费或社会不公。

3 水价制度改革背景与现状分析

水价制度改革是我国水资源管理体系改革的重要组成部分，其背景是在水资源日趋紧张和环境保护压力加大的双重困境下，亟须通过改革创新来推动水资源的可持续利用。当前我国水价制度改革主要集中在城镇供水、农业灌溉水和工业用水等领域，通过调整水价结构、完善梯度水价政策、加大跨区域水资源调配力度等多种方式来优化水资源配置。现状分析显示，尽管我国水价制度改革取得了一定的进展，如部分地区实施了阶梯水价制度，提高了超额用水成本，有效抑制了居民用水量；但改革仍面临着众多挑战[1]。例如，水价改革与水权交易市场的建立尚不完善，农业水价补贴政策与节水需要之间的矛盾仍然存在，水资源成本的全面核算与收费机制有待进一步优化。对于水库而言，水价制度改革意味着运行成本将更加透明化、市场化，同时也给水库的长期规划和管理带来了新的考验。

4 理论模型构建

4.1 成本-效益分析方法概述

成本-效益分析是评估水价制度改革对水库运行成本影响的核心方法，

通过比较改革前后水库运营的全成本和收益来衡量改革的经济效益。该方法早已在多个领域得到应用，其优势在于能够将定性和定量分析相结合，提供决策的经济学依据。在进行成本-效益分析时，涉及直接成本、间接成本和难以量化的社会环境成本等多个维度。分析过程中采用现值法来削减时间因素对成本和效益的影响，确保各期收益与支出在同一时间点上具有可比性。除此之外，为了更准确地反映实际情况，还需纳入不确定性分析，考虑水资源供需波动、气候变化等因素对水库运行成本可能产生的影响。通过设立不同情景，模拟水价政策调整可能带来的成本变动范围，从而为水库管理和政策调整提供更为全面的数据支持。成本-效益分析作为评估工具将为理解水价改革的综合影响提供科学基础，指导未来水价政策的制定与执行。

4.2 水库运行成本影响因素识别

水库运行成本受多种因素影响，包括但不限于水库设计容量、技术维护费用、人工运营成本、环境保护投入等。识别这些影响因素是构建经济评估模型的关键一步，有助于深入分析各类成本的构成和变化趋势。例如，技术升级可以提高水库运行效率，降低长期运维成本，但短期内可能需要较大的资金投入；再如，加强环境保护措施虽然提高了直接成本，但可避免未来因环境损害导致的额外开销。除了直接成本，还需考虑制度变迁带来的间接成本，如水价制度改革可能引起的用户用水行为变化，进而影响水库的供水策略和流量调度。此外，在特定区域，如新疆这样的干旱地区，水资源的稀缺性使得水库运行成本受到气候和地貌等因素的显著影响。因此，深入认识并准确识别这些影响因素，对于确保评估结果准确性和有效性具有重要意义。

4.3 模型假设与参数设置

在建立成本-效益分析模型时，必须设定合理的假设条件和参数，这些假设将直接影响模型的准确度和适用范围。首先，可以假定水价制度改革将按计划实施，而无需考虑政策执行的延迟或不完全性；其次，对于水库的运行成本和收益，假设主要依赖于水价政策和当地水资源管理策略。此外，还假设用户对水价变化的反应是有弹性的，即水价上升会导致部分用户减少用水量，反之亦然。参数设置方面，涉及的关键参数包括水价水平、水库运维单位成本、用户需求弹性系数、社会贴现率等。其中，社会贴现率的选择会影响成本和效益的现值计算，而用户需求弹性系数则关系改革对用户行为的影响程度。在设置这些参数时，需要参考历史数据、行业标准以及专家意见，确保模型的科学性和实用性。

5 实证分析

5.1 案例选择与数据收集

在开展实证研究之前，精心挑选具有代表性的案例至关重要，这样的案例应涵盖水价制度改革前后不同时间段的运行成本数据，确保研究结果的全面性和准确性。选择以干旱地区大型水库为研究对象更具示范意义，因为这些区域的水资源管理常面临极大挑战。数据收集工作围绕水库运行的各项成本进行，包括但不限于日常维护、设备更新换代、人力资源开销及环境保护成本[2]。此外，还需收集相关的水价政策文件、用水量记录以及水资源配置方案等资料，为研究提供充分的背景支撑。另一个关键环节是数据的质量控制，需要通过多种渠道验证收集到的数据，如通过官方发布的统计年鉴对比历史数据，或者直接联系水库管理单位获取原始记录。确保数据的真实性和可靠性对于后续的分析至关重要，数据的时效性也需考虑，以便能反映最新的水价制度改革效果。对于缺失或不确定的数据，可以采用专家咨询、插值法等途径进行合理估算，确保数据的完整性。

5.2 水价改革对选定水库运行成本的实际影响

通过深入分析案例水库在水价制度改革前后的运行成本变化，可以直观地揭示改革的经济效应。在水价上调后，水库管理方可能会增加投资于水资源节约和防损设施，从而在初期导致运行成本的上升。然而，随着时间的推移，水价制度改革对水库运行成本的影响可能会逐渐减弱并趋于稳定。一方面，水价上调可以激励水库管理方更加注重水资源的有效利用和节约，通过引入先进的技术和设备，降低水库运行过程中的能耗和损耗，从而减少运行成本；另一方面，水价上调还可以为水库管理方提供额外的财务支持，使其更有能力进行维护和修复工作，提高水库的运行效率和可靠性。例如，可以增加对水库设施和设备的巡检频率，及时发现并修复潜在的问题，避免因维护不及时而导致的事故或损失，进一步减少运行成本。同时，高水价也促使管理部门优化运行策略，如调整水库供水结构，减少非必要的水损耗。长远来看，提高水价可能会激发水利科技创新，推动节水型社会的构建，进一步转化为运行成本的节约。尽管短期内成本上升可能会给水库管理带来压力，但从长期角度看，水价改革能够促进水资源的高效配置。随着用户对水价敏感度的提高，超额用水情况得到有效遏制，从而减轻了水库的调度压力，降低了因季节性水源波动造成的额外成本。因此，水价改革影响水库运行成本的过程是复杂且多层次的，其成本效益分析需综合考虑时间跨度、社会影响和生态效益。

6 政策建议和措施

6.1 完善水价机制的政策建议

对现行水价机制的深入分析揭示了存在的不足，如水价结构单一、缺乏激励和约束并存的价格体系。因此，提出针对性的政策建议是改革的必然要求。建议政府引入差别化水价政策，根据水资源的稀缺程度和用户类别制定不同的水价标准，比如采用累进式水价体系，鼓励节水和惩罚浪费行为[3]。除此之外，提倡建立动态调整的水价机制，该机制可以根据水资源供需状态、经济发展水平和生态保护需要自动调整，以更灵活地应对复杂多变的水资源管理挑战。对于水价改革的推进，还需强化跨部门协作和公众参与。鼓励相关部门建立联动机制，共同监督水价执行情况，并向社会公众通报水价政策的实施效果。同时，通过公开透明的方式让公众了解水价构成，增强公众对水价改革的认识和支持。这样的多维度参与将有助于形成社会共识，推动水价制度改革的顺利进行。

6.2 促进水资源可持续利用的措施

除了修改水价机制外，还需要一系列配套措施来保障水资源可持续利用。应当加大对节水技术研发的投入，并通过补贴、税收优惠等方式鼓励企业和农户采纳节水技术和设备。此外，加强水资源管理法律法规的制定与执行力度，确保水资源合法合规使用，对违反规定的行为予以严格处罚，从而营造全社会节约用水的良好氛围。普及水资源保护的知识也至关重要，通过教育和宣传活动提高公民的水资源保护意识。例如，学校和社区可以举办节水主题活动，媒体可以积极报道节水成功案例，政府可以举行商业节水竞赛等。此外，还应推广水资源综合利用和循环再用的模式，减少对原水的依赖，提高用水效率。这些措施将共同作用，构筑稳固的水资源管理体系，为实现水资源的可持续利用奠定坚实基础。

7 结论

研究表明，水价制度改革对水库的运行成本具有显著影响。通过成本-效益分析发现，短期内水价上升可能增加水库运行维护的直接成本，但长期来看，改革激发的技术升级和管理优化将对节约运行成本产生积极作用。此外，改革也促使用户节约用水，从而在一定程度上减轻水库的供水压力和环境负荷，带来了正面的社会和环境效益。尽管存在一定的不确定性，但调整水价机制是实现水资源可持续利用的必要途径。政策建议部分强调了差别化定价和动态调整机制的重要性，以及跨部门协作和公众参与在推动改革中的作用。结合本研究的结论和相关措施，可以更好地指导未来水价制度的完善，并为其他干旱地区的水资源管理提供参考。研究还揭示出，水资源管理需要综合考虑经济、社会和环境因素，以确保政策的全面性与均衡性。

参考文献

[1] 季爱芳. 水库供水效益现状分析 [J]. 经济与社会发展研究，2020 (8)：1.

[2] 王海群. 我国农业水价综合改革的进展，问题及对策研究 [J]. 现代经济信息，2021 (2)：9-10.

[3] 陈兴科. 基于效率导向的综合利用水库运行管理体制研究 [J]. 中国水利，2018 (16)：46-48.

库车市农业水价综合改革的实践

阿布力米提·艾散

（库车市水资源总站，新疆　库车　842000）

摘　要：农业水价综合改革是国家为提升农业用水效率，缓解水资源供需矛盾的重要举措，本文结合库车市农业水价综合改革工作开展情况，介绍经验做法，为类似地表水灌区农业水价综合改革提供了参考。

关键词：库车市；地表水灌区；农业水价；综合改革

农业仍是库车市用水大户，农业用水量占总用水量的90%以上，远高于全国平均水平。随着库车市城镇化、工业化进程的加速及人口增长，水资源供需矛盾日益突出，水资源短缺问题成为制约经济高质量发展的最大瓶颈。节约保护和有效利用水资源，实现水资源的可持续利用，除工程和技术措施之外，通过推进农业水价综合改革，尤其是水价杠杆调节，是最为有效的途径之一，不仅可以减少农田灌溉过程中的水资源浪费，而且能够有效抑制不合理的用水需求，体现出资源的稀缺性和价值，对于水生态文明建设具有重要的促进作用。农田水利工程无法良性运行是长期困扰农田水利事业健康发展的一大难题，深究根源是农业水价形成机制不合理，农业水价总体偏低，远达不到供水成本，部分工程老化失修严重、运行难以为继。同时，一些群众自我服务性质的管水组织（农民用水专业合作社）不健全，没有真正发挥作用，末级渠系及田间设施管护不到位、工程损毁报废等现象和问题不同程度地存在着。因此，推进农业水价综合改革是确保农田水利工程长期良性运行的内在需求。

库车市坚持习近平总书记“节水优先、空间均衡、系统治理、两手发力”治水思路，立足于现有水资源条件，以建立健全科学合理的农业水价形成机制为核心，以完善节水工程体系建设为基础，逐步建立农业水权分配、用水总量控制和定额管理，完善农业供水计量工程体系，深化小型农田水利工程管理体制改革，构建可持续的精准补贴和节水奖励机制等，全面推进农业水价综合改革，促进农业用水方式由粗放式向集约化转变。

1 主要做法

1.1 建立健全改革领导责任机制

一是库车市高度重视农业水价综合改革工作，成立以市长为组长，相关部门为成员单位的农业水价综合改革领导小组，细化各成员单位职责，明确责任目标。二是建立联席会议制度并每年组织成员单位召开联席会议，研究部署推进改革工作，构建完善的改革领导组织体系。三是从水利系统抽调业务骨干组成工作专班，集中力量按计划有序推进和完成农业水价综合改革工作任务。

1.2 完善农田水利工程体系建设

不断夯实农业水价综合改革工程措施，逐年提高灌区骨干渠道防渗率及高效节水面积，对水资源有效利用提供保障。目前，全市四级渠道防渗率达57.5%，高效节水面积占耕地面积的45.5%。

1.3 农业用水总量控制

1.3.1 明确灌溉用水定额

依据《库车市用水总量控制方案》，结合库车市地表水水资源现状，委托有资质的第三方技术支撑单位编制《库车市农业水价综合改革初始水权定额测算与各灌区乡（镇）、村水资源配置方案》（以下简称《方案》），核定各行政村村级斗口用水总量控制指标。《方案》经专家审查通过后，上报库车市人民政府取得批复实施。依据《方案》最终核定四个灌区平均村级斗口灌溉定额为494m^3/亩。

1.3.2 建立农业初始水权制度

一是以村为单位，依据《农村土地承包经营权证》《库车市农村集体机动地承包合同书》《库车市国有土地承包合同书》，摸清各乡（镇）二轮承包土地面积、村集体预留机动地（经济地）面积、国有土地面积等基础数据并登记造册。二是以保证粮食安全为前提，依据综合灌溉定额，对农民二轮承包地进行水权确权，向村级农民用水专业合作社和村委会颁发水权证，核定村级斗口用水总量控制指标全部分解至乡（镇）、村、农民用水专业合作社。

1.4 工程管护机制

1.4.1 出台管护办法

制定印发《库车市小型水利工程管理体制改革实施方案》《库车市末级渠系维护费征收和使用管理办法（试行）》《库车市末级渠系运行维护管理办法（试行）》等规范性文件，进一步提升库车市小型水利工程运行管护水平，有效解决工程管护主体缺失、管护责任不落实等问题。

1.4.2 明晰工程产权

全面完成对库车市各农民用水专业合作社范围的小型水利工程开展摸底调

查并登记造册，并分别委托有资质的第三方支撑单位开展资产评估及绘制农作物种植结构图和渠系分布图（以下简称“两图”）；在完成资产评估和“两图”的基础上，斗渠及以下农渠等小型水利工程所有权移交属地村委会，使用和管理权移交农民用水专业合作社并颁发产权证。

1.4.3 落实管护资金

从2020年起落实末级渠系维护费返还农民用水专业合作社，不少于60%的资金用于小型水利工程的维修维护，40%资金用于农民用水专业合作社的日常管理开支，确保小型水利工程正常运行。

1.4.4 明确管护责任

乡（镇）水管站与属地农民用水专业合作社签订小型水利工程管护责任书，明确小型水利工程管护主体为村级农民用水专业合作社，确定了管护职责、范围、内容等事项。

1.5 建立健全农业水价机制

基本建立充分反映供水成本、促进节水、体现水资源稀缺属性相适应的农业水价形成机制。一是核算监审农业水价，确定农业供水运行维护成本、完全供水成本及末级渠系水价。二是合理确定终端水价。全面实行国有水利工程供水水价和末级渠系水价的终端水价制度。三是农业水价调整到位。库车市原计划2025年达到2015年成本水价的100%，实际上2023年已达到2015年成本水价的100%。四是全面实行分类水价、超定额累进加价制度。区别对待粮食作物和经济作物用水类型，在终端用水环节实行分类水价制度；按照“多用水多付费”原则，全面实行超定额累进加价制度。即“超过定额不足50%（含50%）的，超过部分按规定价格的1.5倍执行；超过定额50%不足1倍（含1倍）的部分，按规定价格的2倍执行；超过定额1倍以上的部分，按规定价格的2.5倍执行”。

1.6 建立精准补贴和节水奖励机制

一是出台精准补贴和节水奖励办法。出台《库车市农业水价综合改革精准补贴和节水奖励办法（试行）》，明确精准补贴和节水奖励资金来源，确定奖补原则、标准、对象等。二是落实精准补贴资金，对种粮农户定额内用水部分进行补贴。

1.7 灌区供水计量体系建设

建设村级取水口计量设施基本实现大中型骨干工程村级取水口供水计量全覆盖；认真落实地下水资源监测体系建设，全市机电井全部安装“井电双控”计量设施并实现计量到井。

1.8 做好宣传发动，取得群众支持

深入各乡（镇）、村，加大对农业水价综合改革工作的宣传力度，提高广

大农民群众对改革的认知度和关注度。共发放宣传手册200余份，宣传单2000张，调查问卷200余份。

2 取得成效

2.1 促进农业节水

一是积极开展农业水价综合改革，明晰水权，规范运行农民用水专业合作社，制定落实分类水价政策，建立形成了以水权水价为核心的水资源管理体系，利用价格杠杆作用，提高水的商品意识，激发广大农民群众的节水积极性，农业用水由分散、粗放向规模、集约转变。农业地表水用水量改革后降幅为11.93%，村级斗口定额改革后降低6%。二是大力推进渠道防渗改造、高标准农田建设等，有效提高水资源利用效率，农田灌溉水有效利用系数逐年提升。

2.2 工程运行良好

通过小型水利工程产权制度改革，建立由农民用水专业合作社长效管护机制，并逐年返还末级渠系维护费，保障管护资金，解决了小型水利工程“有人建、无人管”的问题。自2020年以来，落实小型水利工程管护经费，其中，不少于60%的资金用于小型水利工程的维修维护，40%资金用于农民用水专业合作社的日常管理开支，确保小型水利工程正常运行。

2.3 农业水权制度应建尽建

实行总量控制、定额管理，明确了水权分配方式，明确了年度用水总量分配指标，将用水指标分配到了各乡（镇）农民用水专业合作社和村委会，实现农业水权制度改革全覆盖。

2.4 水费收取到位

农业灌溉水费征收到位，实收率达99.7%以上。

3 改革启示

3.1 农业水价综合改革需要充分考虑农民的承受能力，形成合理的农业水价

水价综合改革的难点在于不增加农民负担，农民是农业水价综合改革和现代农业发展的参与者，农民意愿决定工作开展成败。农业水价必须在农民的承受能力范围之内，否则改革难以全面施行。

3.2 农业水价综合改革应在整个农村改革系统中去强化和推进

农业水价综合改革是一个事关百姓福祉的民生工程，作为农田水利改革的“综合载体”，是一项复杂的系统工程，涉及明晰水权、水价形成机制、工程产权改革、管理体制改革、精准补贴及奖励机制、农民用水专业合作社能力建设及工程建设等任务。也是涉农、涉水改革中的重点领域和关键环节，需要各级

各部门共同支持、广大用水群众广泛参与，形成合力，多措并举，共同推进。

3.3 转变农民思想观念是改革的基础

要通过宣传引导，使农民对农业水价综合改革工作深入了解，对建设节水型社会增加认识，毕竟对农业水价综合改革工作不产生误解，不产生厌倦情绪，这是开展农业水价综合改革工作的基础，让大家明白改革的目的不是收费，而是更好地为百姓服务。

3.4 改革需要各级政府和主管部门大力支持

改革是一项复杂的系统工程，范围广、部门多、政策性强，关系民生福祉和乡村振兴，要做好顶层设计，正确认识和预判改革中可能遇到的困难，做好协调调度和政策支持。